高等院校艺术通识课系列教材
丛书总主编：袁智忠　张友刚

中国园林艺术欣赏

ZHONGGUO YUANLIN YISHU XINSHANG

主编◎林　瑞
副主编◎何怡庆　邱　倩　周静维

西南大學出版社
SWUP 国家一级出版社　全国百佳图书出版单位

图书在版编目(CIP)数据

中国园林艺术欣赏 / 林瑞主编. -- 重庆 : 西南师范大学出版社, 2015.10

ISBN 978-7-5621-8222-1

Ⅰ. ①中… Ⅱ. ①林… Ⅲ. ①园林艺术—鉴赏—中国 Ⅳ. ①TU986.62

中国版本图书馆CIP数据核字(2016)第198541号

中国园林艺术欣赏

主　编◎林　瑞

责任编辑:张燕妮
封面设计:畅想设计　杨　涵
排　　版:王　兴
出版发行:西南大学出版社(原西南师范大学出版社)
　　　　　地址:重庆市北碚区天生路2号
　　　　　邮编:400715　市场营销部电话:023-68868624
　　　　　http://www.xdcbs.com
经　　销:新华书店
印　　刷:重庆新生代彩印技术有限公司
幅面尺寸:185mm×260mm
印　　张:12.75
字　　数:208千字
版　　次:2016年9月　第1版
印　　次:2023年7月　第3次
书　　号:ISBN 978-7-5621-8222-1

定　　价:48.00元

第一章　园林艺术欣赏基础

园林是人类社会发展到一定阶段的产物。我国是世界园林三大系统(西亚园林、欧洲园林、东方园林)的发源地之一,园林艺术有着悠久的历史、灿烂的文化、精湛的技艺,享誉中外,被世人称赞为“世界园林之母”。

第一节　概述

一、园林的概念与构成要素

(一)园林的概念

园林是一个动态的概念,是随着社会历史和人类认识的发展而变化的,不同的历史发展阶段有不同的内容和范围,不同的国家和地区对园林的界定也不完全一样。中国园林产生于本土,是随着中国历史的发展而发展的,在世界园林行列中独树一帜,别具特色。

目前,对“园林”一词的界定普遍以《中国大百科全书》为准,即在一定的地域,运用工程技术和艺术手段,通过改造地形(筑山、叠石、理水),种植树木花草,营造建筑和布置园路等途径,创作而成的美的自然环境和游憩境域。园林是一门综合艺术,它所涉及的学科非常广泛。

(二)园林的构成要素

园林主要是通过对植物群落、水体、建筑、地形等元素的塑造,加上人性化的空间布局,创建出舒适、安逸的景观环境。具体来说,园林的构成要素包括植物、地形、水体、园林建筑、小品和设施、道路与广场等,这些要素是园林设计和园林欣赏的基础。

1. 植物

植物是园林中非常重要的一个要素，它与其他造园要素的显著区别是具有生命力。植物的大小、颜色、质地、形态等会随着时间的改变而发生变化，它是所有景观中最富于变化的因素，可以使环境充满生机与美感。植物是构成园林景观的主要素材，它包括乔木、灌木、地被、藤本植物、竹类、花卉、草坪植物、水生植物等类型，具有美化观赏、绿化修饰、塑造空间、改善环境以及体现季相等功能。特别是在塑造空间方面，植物能够像建筑物一样构成空间的顶平面、地平面和垂直面，也能组合形成开敞、半开敞和封闭空间以及空间序列。它还具有协调室外空间、强调景点和分区、限制视线、弱化负面景观、识别重要位置、展现空间序列等作用。在设计或欣赏园林作品时，人们可以通过视觉、触觉、听觉、嗅觉来获得对大自然的审美享受。植物还可以与动物共同构成鱼戏莲池、鸟语花香等生机盎然的生态景观。

2. 地形

地形是地貌和地物的总称。它是园林造景的基础，是构成园林景观的骨架，其他设计要素都在某种程度上依赖于地形。地形开展是所有户外活动的基础，它在景观设计中既是一个美学要素，也是一个实用要素，具有构成和分割空间、控制视线、影响游览线路及速度、利于排水、改善小气候以及丰富景观层次等功能。在园林中，主要有五种基本的地形，即平坦地形、凸地形、山脊、凹地形和谷地，不同类型的地形具有不同的特征，在园林中也具有不同的作用。

平坦地形，简称平地，是指在视觉上与水平面相平行的土地基面。平地是所有地形中最简明、最稳定的，一般坡度在1%~7%，它具有静态、非移动性、无方向性和均衡等特点，在园林中能起到协调景观的作用，特别有利于园林建筑的布局、广场的营造和规则式草坪的种植，便于开展各种室外活动，接纳和疏散人群。

凸地形具有动态感和行进感，一般坡度在8%~40%。凸地形高于周围环境，视线开阔，具有360度全方位景观视野，在景观中常与其他造园要素结合构成主景。例如，我们常见的一些景观亭、纪念性建筑、雕塑、标志物、高塔、眺望台或者其他重要构筑物都会布置在凸地形顶部，以提升其焦点作用和尊崇感。再如，我们将两棵外形相似，高度都在4米的香樟树，一棵种植在凸地形顶部，另一棵种植在洼地处，景观效果会截然不同。另外，凸地形因其具有动势，是建设瀑布等动态水景的理想场所。

山脊是与凸地形相类似的一种地形，它的独特之处在于导向性和动势感。在景观中，山脊常被用来转换视线，或将视线引向某一特殊焦点。此外，可以在山脊顶部或平行于山脊线建设道路。

凹地形是一种碗状洼地，具有内向性、封闭性和私密性等特点，常常被用来布置舞台、露天剧场等，可以吸引游览者停留观看。凹地形比较潮湿，容易积水，这是它的一个潜在功能，即可以作为永久性的湖泊、水池，也可以充当一场暴雨之后暂时用来蓄水的蓄水池。

谷地是线性的洼地，两侧的视域是封闭、内向的，适合沿谷线布置溪流、河流和道路。

3. 水体

中国园林以山水为特色。水体是园林中变化较多的要素，它能以不同的形状和态势出现，为园林增添许多生动活泼、独具内涵的景观。水体在园林中应用得淋漓尽致，无水不成园，无园不水。

水体根据形状可分为规则式、自然式和混合式。规则式水体的边界为规则的几何形状，如规整的水池、水渠和几何形的喷泉、叠水、瀑布等，多见于城市广场、公共空间的入口中心景点等。自然式水体的边界曲折多变，如天然的或模仿天然的湖泊、河流、溪涧等，常见于风景区、公园、居住小区等景观环境中。混合式水体是自然式水体与规则式水体的交替穿插或协调使用。

根据水流状态，可分为静态水景和动态水景。静态水景给人以明洁、清静、开朗或幽深的感受，可欣赏美妙的倒影、粼粼的微波、潋滟的水光等。静水主要有湖、池、塘、潭、沼等。动态水景给人以清新明快、变化刺激、多姿多彩的感受，并给人视听上的双重美感。动态水景包括河流、溪、渠、涧、瀑布、喷泉、叠水、壁泉、涌泉等。

根据形态又可分为线性、面状和点状三类。线性水景包括河流、沟谷、溪涧等；面状水景包括湖泊、池沼、水塘等；点状水景包括深潭、涌泉、壁泉等。

根据使用功能，可以分为观赏的水体和开展水上活动的水体。观赏的水体一般面积不需要太大，主要用来构景。水面有波光倒影，能成为风景透视线，常配合设置岛、堤、桥、石景、雕塑、喷泉、水生植物及水生小动物等。开展水上活动的水体，一般面积较大，水深且水质好，活动与观赏相结合。

水体在景观中具有多重功能，如水面作为景观基底时，可以统一许多分散的景点，也可以连接不同的区域，起到系带的作用。我们常见的一些动态水景，如喷泉、瀑布、水墙等，它们特殊的形态和声响常常引人注意，在景观中充当主角，起到焦点作用。水体可以改善环境，利于蓄洪排涝，调节小气候，降低噪声，净化空气，有利于灌溉和消防等。水体还可以成为养殖水生动物和种植水生植物的理想场地，为人们提供多种娱乐活动的场所，如垂钓、游泳、戏水、泛舟和赛艇等，满足人们的亲水性。

园林中水体的使用大体分为集中和分散两种手法。例如，中小园林会集中用水，以水池为中心形成一种向心、内聚的布局格式，在有限的空间里制造一种开阔和幽静的环境。分散用水则把水体分割成不同的流向和水流形态，通过高低组合，或清流回萦，或湍急激流，时而狭窄，时而开阔，时而收，时而放，趣味横生。

4. 园林建筑、小品和设施

园林建筑、小品和设施是兼具使用和观赏功能，完全由人工创造的景观要素。在景观环境中，充分考虑建筑、小品和设施的体量、造型、风格、色彩、材料等，推敲其与园林其他要素的合理搭配，满足园林设计的立意、功能和造景等要求，可以起到画龙点睛的作用。

（1）园林建筑

园林中的建筑主要有两大类，即传统园林建筑和现代园林建筑。传统园林建筑主要包括厅、堂、楼、阁、塔、台、轩、馆、亭、榭、斋、舫、廊等。现代园林建筑比较丰富，根据其功能不同可分为：文化宣传类，如纪念馆、展览馆、陈列室等；文娱体育类，如电影院、剧场、溜冰场、游泳池、游艺室等；园艺类，如观赏温室、盆景园、奇石园等；游览休息类，如亭、廊、榭、舫等；服务管理类，如游客中心、餐厅、茶室、小卖部、厕所等；园林构筑物，如桥、台阶、墙、栅栏等。

（2）园林小品

园林小品是园林中不可缺少的组成部分，主要作用是表达和深化园林主题与立意，增强园林景观的表现力。主要包括桌子、花架、雕塑、山石、壁画、洗手池、各式灯具等。

（3）园林设施

园林设施在提供实用功能的同时，通过形态、色彩、质地、声音等与其他设计要素有机组合，强化园林景观的风格、主题，增强游览的趣味性。主要包括座椅、花台、宣传牌、垃圾箱、指示牌、灯光、音响等。

5. 道路与广场

道路与广场的有机组织，对园林形式和布局起着决定性的作用。道路与广场

CONTENTS

目录

构成园林的脉络，在园林中起着组织交通、配置景观序列和引导游览线路的重要作用，其形式主要包括规则型与自然型两种。铺装的材料、色彩、图案等对道路与广场的实用功能和美学功能均有重要意义。

二、园林的类型与形式

（一）园林的类型

中国园林，是自然山水的艺术再现，是由花木、山水、建筑物等要素组合而成的综合艺术作品。根据时代的不同，中国园林可分为古典（传统）园林和现代园林两大类型，前者是后者发展的基础和依据，后者是前者的延续和发展。

1. 中国古典园林

中国古典园林从公元前11世纪的奴隶社会末期直到19世纪中期为止，由中国的农耕经济、集权政治、封建文化培育而成，比起同一阶段的其他园林体系，历史最久，持续时间最长，分布范围最广。中国古典园林的类型主要有皇家园林、私家园林、寺庙园林、陵寝园林等。这些不同类型的古典园林有许多共同的特点：源于自然、高于自然，建筑美与自然美的融合，诗画的情趣，意境的含蓄，等等。

2. 中国现代园林

中国现代园林指的是在继承古典园林诸多优点的基础上，通过不断的理论探索与建园实践所形成的、具有现代人文内涵与科学技法的园林。目前，对中国现代园林时间上的界定主要存在两种观点。一种认为中国现代园林从1840年开始，1840年前的园林称为古典园林，而1840年以后的则称为现代园林。另一种观点认为，中国现代园林从新中国成立后即1949年开始。本书所指的中国现代园林赞同第二种时间界定，即1949年至今。因为1949年中华人民共和国的成立，标志着园林在服务对象上真正是为了普通民众。中华人民共和国成立后，国家园林事业取得了长足发展，其中有苏联的影响，也有自身对民族形式的探讨。改革开放以后，许多西方现代园林设计理念被介绍到国内，西方现代园林设计理念较大地影响着中国现代园林的面貌。中国现代园林的类型主要有生态景区型、城市绿化型、游乐休憩型、文化遗址型、农业型等。这些不同类型的现代园林较古典园林更加开放与自由，艺术手法亦有极大创新，它们有着许多共同特点：具有社会性和群众性，由孤立、内向型园林向开敞、外向型园林发展；由以建筑为主转变为以植物为主进行景观组织；通过地形的起伏和草坪的种植，取代挖湖堆山；在注重园林美观性的同时，也注重其经济效益、生态效益和社会效益。

（二）园林的形式

中国园林的基本形式大致分为三种，即自然式、规则式和混合式。

1. 自然式园林

自然式园林又称为风景式、不规则式或山水派园林。自然式园林往往给人以自由活泼、优美和谐、寓意深刻的感觉。自然式园林在平面布局、植物配置、道路、水体及建筑等方面均模仿自然山水和自然植物群落。我国的古典园林以自然式园林为主，如北京颐和园、承德避暑山庄、上海豫园、苏州拙政园等。现代园林如北京玉泉公园、上海世纪公园、广州越秀公园也采用自然式的布局。自然式园林主要特点如下：

（1）地形

地形多以自然山水为蓝本，地表通过挖湖堆山整改成自然起伏、高低错落的地形，其地形剖面多为自然曲线。地势的高低变化，增添了空间的层次感和视觉的丰富度，为打造更多的趣味空间提供了可能性。道路多为自然的曲线或折线，蜿蜒曲折。

（2）水体

水体轮廓多为自然曲线或折线，水体驳岸为自然山石、石矶等。水景的类型多为自然湖泊、人工湖泊、水塘、小溪、瀑布和喷泉等。

（3）植物

所选用的植物常绿和落叶都有，要求树形优美，具有较高观赏价值。植物的配置以孤植、丛植、群植、林植等为主。植物的排列自然有序，不进行行列式种植，要求反映自然植物群落之美。植物的组合灵活多变，乔木、灌木和地被按其生活习性进行合理布置。植物通常不修剪或很少修剪，使其保持自然的树形和姿态。

（4）建筑

建筑采用不对称的布局，以连续序列布局的主要导游线控制全园。造型别致的建筑，如亭、阁、塔等与山石、树木相映争辉，成为园林中的景点或主景。与园林建筑相接的广场，大都从实用角度考虑，形状大小不一。

自然式园林是我国传统园林的主要形式，在现代园林中也占有重要的地位。在我国城市化进程加速的时期，在城市的环境质量需要不断改善的今天，人们对自然式园林有独特的情感，城市绿化也常借助于打造自然式园林来满足返璞归真、回归自然的心理需求。

图 1.1 苏州拙政园

2. 规则式园林

规则式园林又称为几何式、整形式、对称式园林。规则式园林给人以整齐划一、简洁大方、庄严肃穆的感觉。我国的现代园林多为规则式园林，全园的平面布局、植物配置、道路、广场、水体及建筑均整齐对称或为各种几何图形。例如北京天坛公园、南京中山陵等。规则式园林的主要特点如下：

(1)地形

绿地都由不同标高的平面或斜面组成，高差较大时，用阶梯、缓坡、台阶和道路衔接。多数绿地地形较为平坦，场地轮廓规则整齐。道路多为直线或对称的曲线，将地面分割成对称或不对称的各种几何图形，鸟瞰呈网格布局。

(2)水体

水体轮廓多为几何形，常见的有方形和圆形。水体驳岸多整齐、垂直，有时配有雕塑。水景的类型有整形水池、各式跌水、瀑布、喷泉、壁泉、水渠、运河等。水体的组合或主次分明，或形状类似，在平面上组成各种几何图形，既相互联系又各自独立成景。

(3)植物

所选用的植物多为常绿树种,且具有树形整齐、较耐修剪等特点。植物的配置以对植、列植、围植为主,讲究成行成列,等距离呈行列式、对称式或图案式布置。绿地中常出现模纹花坛、花境、封闭式草坪、绿篱、绿墙、绿柱等。植物常被人工修剪成各种几何形体、各种动物或实物造型。

(4)建筑

建筑群体及个体采取中轴对称或均衡布局的手法,由主次建筑群体形成主轴、副轴,统领整个园地。规则式园林中的建筑与封闭式草坪或广场相连接或不相连接,广场多为规则式几何形状。其中雕塑园林小品系统位于轴线的起点、终点或交叉点,成为园林的重要景点。

规则式园林在现代园林中被广泛使用,尤其是在新的城区、开发区、居住区、校区等,所占的比例越来越大。

图 1.2　北京天坛公园

3. 混合式园林

混合式园林是规则式和自然式园林的组合形式,没有全园级别的中轴线和副轴线,只有局部景区、建筑以中轴对称;也没有明显的自然山水骨架,多结合地形,在平坦处以规则式为主,在地形复杂处以自然式为主。

三、园林的主要价值

(一)美学价值

园林景观的营造可以美化城市环境、丰富生活内容。长期处在单纯的城市环境和单调的室内空间中,往往使人情绪低落、反应迟钝,最终影响健康,降低生活质量和工作效率。园林能够给人们提供一个绿色、舒适、健康的户外空间,给人们带来美的视觉感受,园林中的优美景致总会达到使人身心放松、消除疲劳、心情愉悦的效果。

(二)生态价值

现代的园林景观不仅能给人们提供生活、工作、娱乐休闲的好环境,还具有净化空气、调节气候、保持水土、降低噪音等生态作用,并能有效促进友好环境的可持续发展。

(三)经济价值

优秀的园林景观能够创造出一定的经济价值。例如,在众多的旅游景点中,那些园林绿化和景观设计较为优秀的,更能吸引游人;再如,当前居住小区的景观营造好坏已经成为了决定房地产销售高低的关键因素之一。

第二节　园林的欣赏

一、园林风格与流派

（一）中国园林的风格

园林风格是指某一时期流行的某种园林艺术形式。中国园林风格随着历史前进的步伐不断演进与变化。按照周维权先生的划分，我国园林经历了生成期、转折期、全盛期、成熟期以及现代园林阶段。

1. 生成期——先秦、两汉（公元前11世纪—公元220年）

在先秦、两汉时期（公元前11世纪—公元220年），中国古典园林开始萌芽、产生并逐渐成长，这个时期园林的发展尚处在初级阶段。秦、汉的政体变为中央集权的郡县制，确定了以皇权为首的封建官僚机构的统治，儒学逐渐获得正统地位。这期间造园活动的主流是皇家园林，大多数园林都为皇帝王侯所专有。这一时期园林的总体规划比较粗犷，设计的水平不高。早期是囿、台与园圃相结合，之后又受到天人合一、君子比德、神仙思想的影响。当时园林的营造仅仅是对大自然的客观写照，在园林里面所进行的审美处在低级水平上，造园活动并未完全达到艺术创作的境地。

这个时期的审美风格是：多借助天然景色，让自然环境中的草、木、鸟、兽及猎取来的各种动物滋生繁育，加以人工挖池筑台，掘沼养鱼。范围宽广，工程浩大，一般都方圆几十里或上百里，供统治者在其中游憩。

2. 转折期——魏、晋、南北朝（220年—589年）

魏、晋、南北朝时期（220年—589年），是中国历史上一个长期的混乱时期，消极情绪与及时行乐的思想较为普遍。这一时期，各种流派在意识形态上突破了儒家的正统地位，呈现出百家争鸣、思想活跃的局面。小农经济受到庄园经济的冲击，北方的少数民族南下，中国处于战争与分裂状态。游赏活动成为皇家园林主要甚至唯一功能；民间的私家园林异军突起；寺庙园林也随着佛教和道教的流行开始兴盛起来，拓展了造园活动的领域。中国古典园林开始形成皇家、私家、寺庙三大类型并行发展的局面，进入转折阶段。园林造景由过多的神话色彩转变为浓郁的自然气氛，创作方法由写实趋向写实与写意相结合，不再单纯地模仿自然山水，开始进行适当的概括和艺术提炼。园林规划设计也由粗放逐渐转向细致。这一阶段初步确立了园林美学思想，奠定了中国风景式园林发展的基础。

转折期的审美风格是：自然山水园林迅速发展，其中山水为园林的基础，配合宫、殿、楼阁等建筑，植物为点缀，充以禽兽。这时期人们对自然美的认识有所突破，不再刻意追求面积巨大、富贵奢华，而是追求清新自然、婉转生动，这是园林艺术创作的一个转折。

3. 全盛期——隋、唐、五代十国（589年—960年）

中国复归统一，中央集权的官僚机构更健全、更完善，在前一时期的百家争鸣的基础上形成儒、道、释互补、共融，儒家仍居正统地位的局面。唐王朝的建立开创了中国历史上的一个意气风发、勇于开拓、充满活力的全盛时代。园林的发展也相应地进入全盛期。作为一个园林体系，中国园林的独特风格基本上形成了。

全盛期的审美风格是：绿化布置开始注重植物的应用，不仅要考虑植物的种类，而且开始注意植物与其他造园要素（特别是建筑）的搭配。重视意境的营造，园林富有浓重的诗情画意。

4. 成熟期——宋、元、明、清、民国（960年—1949年）

唐代之后，中国封建社会已发育定型，农村的小农经济稳步成长，城市的商业经济空前繁荣，市民文化的勃兴为封建文化注入了新鲜血液。封建文化的发展虽已失去汉、唐的风度，但却转化为在精致境界中实现从总体到细节的自我完善。相应地，园林的发展亦由全盛期升华为富于创造精神的成熟期。

成熟期的审美风格是：皇家园林有均衡、对称、豪华以及威严的气氛。江南地区的私家园林有平淡、深远的文化气氛，讲究建筑的玲珑奇巧和细部刻画。在这一时期，利用楹联诗词题咏与园林艺术的紧密结合，通过文字去渲染园林的诗情画意，丰富人们对园林景色的体会，使园林更加的富有意境美。在园景的处理上，善于在有限的空间内造成较大的变化，巧妙地组成千变万化的景区和浏览路线。庭园空间的划分常使用粉墙、花窗、植物或长廊等，达到隔而不断，掩映成趣的景观效果。值得一提的是各式各样漏窗的使用从不同角度去欣赏可以形成不同的画面，给景观增添了活力。园景有虚有实，步移景异，主次分明，景多意深，趣味无穷。

5. 现代园林阶段——1949年至今

新中国成立后，随着国民经济的快速发展，城市园林绿化建设也取得了巨大的成就。城市公共绿地不断涌现，绿化水平和景观品质不断提高。我国的现代园林正沿着生态设计的路线前进，越来越注重自然设计、乡土设计、恢复性设计、保护性设计、节约设计和人性化设计。同时，越来越多的新材料和新技术的运用，极大地增强了现代园林的价值。

现代园林阶段的审美风格是：城市公园除优美的风景、浓郁的林地、开阔的草坪和季相景观以外，一般常设有茶室、餐馆、陈列馆、俱乐部，以及游泳池及露天剧场等设施；纪念性园林整体布局严谨，建筑造型给人以庄严肃穆之感，植物配置借物寓意，令人触景生情；名胜园林一般具有悠久的历史文化，造园的艺术标准较高，主要供各级文物的保护和猎奇、温古及游憩之用。居住绿地一般具有合理的功能区划、较高的绿地覆盖率、人性化的公共设施等，主要包括居住区公共花园的建造、庭院绿化、住宅建筑绿化、公园建筑绿化、街道绿化及防护隔离绿化等。

（二）中国园林的流派

1. 北方园林

北方园林集中在北京、西安、洛阳、开封等古都，以北京为代表。北京是北方造园活动的中心，分散于北京内、外城的宅园均具一定规模。北方气候寒冷，建筑形式比较封闭、厚重，园林建筑亦别具一种阳刚、崇高之美。北京是帝王将相居住之地，私家园林多为贵戚官僚所有，布局注重仪典性的表现，因而规划上使用轴线较多，叠山用石以当地所产的青石和北太湖石为主，堆叠技法亦属浑厚格调。植物栽培受气候的影响，冬天叶落，很有萧瑟寒林的悲壮之美感。规划布局的轴线、对称形式的运用较多，赋予园林以浑厚浓重的气度。比较著名的有一亩园、清华园等。王府花园是北方私家园林的一个特殊类别，它们的规模一般比宅园大，规制也稍有不同。

2. 江南园林

江南园林主要指苏州、杭州、无锡、南京、上海、常熟等城市的江南私家园林。我国素有“江南园林甲天下，苏州园林甲江南”的说法，苏州园林是江南园林的代表。江南园林的特征包括：一般占地面积不大，最大的宅园也不过一万多平方米；在造园中讲究建筑的玲珑奇巧和细部处理；叠山材料的选择，多数是就近出产的太湖石及山石；江南水源便利，水景丰富有趣；江南的自然条件适宜植物生长，用于造景的植物品种众多；以人工造景为主，把楹联、诗词、题咏与园林艺术紧密结合，通过文字渲染园林的诗情画意，深化人们对园林景色的理解，启发人们的想象，使游者通过联想和想象，在思想情绪上受到感染，从而体现出江南园林特有的平淡、深远的文化气氛。此外，江南园林融居住、聚友、读书、听戏、赏景诸多功能于一园，是江南自然资源、人文精神与传统工艺的历史积淀，是自然美、建筑美和人文美的有机融合，将意境创作作为园林建构的精髓，能在有限的空间里创造出无限的情感。

3. 岭南园林

岭南园林主要分布于湖南、江西的南部和广西、广东的北部。岭南园林艺术上强调园林的自然特质，依势而设，充分利用山泉湖岛的优势及水石景栽的特点，以清新旷达、素朴生动取胜。造园布局平易开朗，较少江南园林的深庭曲院的空间构设。其庭落潇洒大方，层次分明，建筑重视选址，造型洗练简洁，色调明朗，装修注重本土特色，构成一种不似北方之壮丽、不似江南之纤秀的朴素典雅、轻盈畅朗的岭南格调。

4. 扬州园林

主要指明、清时期扬州的私家园林。扬州地处江淮之间，南北文人、工匠融会交流，园林风格兼具南方之秀、北方之雄，在造园艺术上异于苏州园林。扬州大型园林多数中部为池，以厅堂为一园主体，两者有机配合，池旁筑山，点以亭阁，并以花墙、山石、树木等为园林间隔，丰富景观层次。寄啸山庄（又名何园）为其代表。中小型园林则倚墙叠山石，下辟水池，适当辅以游廊水榭，结构十分紧凑。总之，扬州园林在平面布局上较为规整，动静结合，妙处在于立体交通与多层观赏线，如复道、廊、楼、阁以及假山的窦穴、洞曲、山房、石室皆上下沟通。在园林特色上则以叠石胜，叠山亦有独特成就。在园林建筑方面则兼采南北方特点，单体处理尤善利用楼层。花木亦兼具南北两地之长，如芍药、牡丹等北方花卉在此极为茂盛。

5. 巴蜀园林

巴蜀园林是指我国四川一带的园林。巴蜀园林与皇家园林、私家园林修建的对象和范围不同，更接近民间，更直接、更真切地面对普通人，具有一种质朴之美。四川盆地有着优越的自然风景条件，构景素材丰富，因而园林更偏重于借助自然景观，更着力于因地制宜、景到随机，通过剪辑、调度、点缀环境，“自成天然之趣，不烦人事之工”，创造出以天然景观为主、人工造景为辅的园林环境。巴蜀园林是自然与人工的高度融合，建筑群体布局的随形就势，充满着对飘逸、洒脱的自然风韵的追求。这与帝王御苑和私家园林有着很大的差异，它既没有北方宫殿苑囿的雕梁画栋、富丽堂皇，也有别于江南园林的曲折蜿蜒、精巧细腻，而是以古朴自然、粗犷大方、清幽雅秀为其独特的审美风格。巴蜀地区因山地众多，在山地园林的群体布局上积累了丰富的实践经验，结合地势、适应地貌、巧用地形、智取空间，手法灵活多样，富于创造性。其园林艺术所表现的审美意境，主要是追求一种天然之趣和自然情调，追求一种把现实生活与自然环境协调起来的幽雅闲适的美。

二、园林的审美类型

(一)园林美的概念

园林规划中对自然地形、水体、植物、山石、建筑等造园要素进行科学的艺术组合而创造出的园林美,它是自然美、社会美与艺术美的高度统一。关于“园林美”的概念,不同的专家学者有不同的定义。周武忠先生所著的《园林美学》一书中定义为:“园林美是园林师对生活(包括自然)的审美意识(思想感情)、审美趣味、审美理想和优美的园林形式的有机统一,是自然美、艺术美和社会美的高度融合。”余树勋先生在《园林美与园林艺术》一书中定义为:“所谓园林美是指自然美加以‘人化’,是人工模拟的自然美,其中都有不同程度的艺术加工。”张承安先生主编的《中国园林艺术词典》中定义为:“园林美指在特定的环境中,由部分自然美、社会美和艺术美相互渗透所构成的一种整体美。”通过对上述各位专家学者对“园林美”的定义归纳分析后,我们将“园林美”定义为:园林美是指在一定的地域环境中,由自然美、社会美和艺术美相互融合所构成的一种人化景观。

(二)园林审美类型

1. 自然美

在自然界里,随处可以看到美的事物,它们的色彩、线条、形态、大小、比例、声音等能使人身心愉悦,产生美的感受,并能寄情于景令人神往。园林的自然美有两类:一类是没有经过人类加工改造过的自然美,如黄山云海、云南石林、峨眉佛光、黄果树瀑布等,以它们特有的自然风貌给游人以美的享受。另一类是经过人类加工改造过的美,如自然风景区、森林公园等,它们“虽由人作,宛自天开”,仍然充满自然生态的气息。

2. 社会美

园林的社会美是指园林艺术的内涵美,这种内涵美源于生活。造园时将社会生活中的道德标准和高尚情操，寓于园林景物中使人触景生情。社会美的内容主要包括民族元素、地方元素和时代元素 。民族元素的运用是充分考虑本民族的地理环境、经济水平、社会制度、政治文化、生活方式和风俗习惯等方面的特性来进行景观营造。地方元素的运用能使景观氛围充满浓郁的地方色彩。不同地域的自然地理和风土人情是构成园林地方性的因素。时代元素指园林在不同历史时期、不同社会发展阶段，所表现的不同特性。

3. 艺术美

艺术美是自然美和社会美的提炼和升华。园林艺术美是艺术家们将自然界中的自然事物通过他们的审视、选择、提炼和加工，运用摒俗收佳的手法，进行剪裁、调度、组合和联系所呈现的景观效果。造园家运用一系列艺术手法处理后所得到的园林景观才能引人入胜，才能使人们在游览过程中感觉到园林的美。另外，其他门类艺术美的元素也可以适当添加在园林中，例如音乐、绘画、雕塑、诗词等，这些内容可以丰富园林景观和增添趣味性。

4. 形式美

园林的形式美是指整个园林以感性形式直接引起人们视觉美感和听觉美感。形式美是园林美被游人感知的前提，它是通过园林的构成要素（植物、地形、水体、道路铺装、园林小品、建筑物和构筑物等）的物质属性（颜色、形状、质感、声音等）表现出来的。

第二章　皇家园林

第一节　概述

皇家园林最早出现在距今两千多年的商周时代，早在商纣王时期就出现了第一座初具雏形的帝王园林。在隋、唐、五代时期，园林建造逐渐成熟，到明、清两代达到顶峰。封建社会中，皇帝是国家的最高统治者，普天之下莫非王土。皇帝拥有至高无上的权力，因而在生活中有奢侈的作风是常见的。从历史来看，古代帝王大多不满足皇宫中正规拘谨的生活，常常在首都或附近的风景优美之地建造园林。与私家园林相比，皇家园林的分布范围要小得多，它们主要聚集在历代古都的四周，由于园林易毁坏，所以目前留存下来的古代苑囿已为数不多，主要集中在明清两朝的首都北京附近。这些园林的景色与集中在长江三角洲的私家园林有着较大的不同，是我国园林艺术遗产中最重要的部分，具有很高的文化与旅游价值。

根据史书记载和考古发现，出现于殷商时期的帝王、诸侯和贵族所建的囿和台，就是皇家园林的雏形。帝王将相普遍喜好狩猎。狩猎作为一种放松身心的游戏，能获得大量的猎物作为宫廷生活的食材补给和毛皮制作原料，满足生活所需。除此之外，还能强身健体，为行军打仗做军事训练。这样的活动在皇室中盛行，随着社会生产力的发展，打猎的范围从野外转移到专有的园子中进行。早期的皇家园林，主要是放养动物，以供帝王打猎娱乐，所以古籍上称之为苑囿，以后才逐步发展成处理政务、生活起居、游玩休憩相结合的花园。商周时期的园林，主要功能体现在供皇族狩猎、游玩、设宴、祭神等活动上面。通过建筑高台，也体现出一些自然崇拜的思想。所以，皇家园林的萌芽时期，建造的手法相对简单。

到了秦汉时期，秦始皇灭六国统一天下，其在位期间，依靠强盛的国力大建宫苑。每灭掉一国，他就派人在咸阳、渭水北岸仿建该国的宫殿苑囿，所以从雍门以东到泾水以西，排列着六国风格的宫殿苑囿，使得秦朝园林成为战国以来园林艺术的集大成者，中国历史上才出现了真正意义上的皇家园林。秦朝建立以后，秦始皇大力扩建上林苑，其范围极为宽广，包含了大量的林木，饲养了各种各样的野生动物，以便秦朝的贵族狩猎、游乐、休憩。其中还修建了众多的宫室和苑台，功能繁多，气势磅礴。秦始皇还进一步扩建朝宫，以此作为上林苑的中心。朝宫的前殿就是令后人为之赞叹、赋予其很多华丽想象的阿房宫。其占地范围惊人，可以容纳一万人，所以后世将阿房宫作为秦代宫苑的标志。除了规模的大小变化，秦始皇为了追求长生不老，还在宫苑中首次修建了人工打造的山丘、水池，以营造出东海及海上仙山之境来寄托愿望。

秦汉时期属于皇家园林的生长期，也是第一个高潮期。相比萌芽时期，园林规模宏大，带有自然的状态，建筑的形式更加丰富，具有气势磅礴、浑厚粗犷之美。造园筑景的形式打破完全依据自然山水的局限，开始根据人的意志进行人工山水的打造，极大地丰富了园林建造的手法，为园林的设计提供了更大的想象空间。

魏晋时期是皇家园林的转折时期。规模与秦始皇、汉武帝时期的气吞山河、磅礴之气相比，显得有所缩减。其中的原因在于魏晋时期开始流行玄学思想，上层文人清谈、品酒、追求解放、寄情山水的生活方式，对于当时的哲学、艺术、文学有着巨大的影响，同时对园林艺术的审美追求也带来了改变，以至于皇家园林也带有文人的气息。

到了南北朝时期，各个政权根据其地域特点大力新建园林。北方的皇家园林风格宏大壮丽，建筑色彩华美，山水尺度较大，追求景观的象征意义。而南方的皇家园林风格清新优雅，建筑色彩素雅，景观设置手法细腻，具有丰富的文人气息。这一时期的园林为隋唐皇家园林的发展到达全盛时期做了铺垫。

隋唐时期是中国皇家园林的全盛时期，从古书对于隋朝的仁寿宫、仙游宫、陶光园、显仁宫和唐朝的太极宫、永安宫（大明宫）、兴庆宫、玉华宫、九成宫、华清宫等的描述就可见一斑。总体风格既有雄健壮丽的大家风范，又有精雕细琢的精巧心思。在建筑的形式上打破了只追求高大的审美要求，极大地丰富了建筑的形式，对于理水、叠山、植物配置的手法也更加纯熟高超，园林风格丰富多变，对邻国的园林艺术也产生了深远的影响。

两宋的皇家园林较为特别。宋代造园的思想完全成熟，手法高超，不追求格局的庞大，而是追求精致清雅，风格偏重写意。叠山理水方面以自然界中的名山名水为基础进行再创造，深入探索奇石之美，对于花草树木的种植也更有自己的心得体会，常用园林作为举办游乐活动的场所，使园林的文化氛围非常浓厚，这样的风格很受后世的推崇。

明清作为中国封建王朝的末期，是皇家园林的最后阶段，也是一次高潮。明清皇家园林的数量多，规模大小不一，继承了千年的园林建造技艺传统，融汇了南北的风格，同时还受到西方园林的一些影响，使得造园的艺术理念异常丰富，思维空间尤为宽广。建筑、叠山、理水、植物种植的手法都纯熟精湛，使得皇家园林艺术到达了登峰造极的境界，为皇家园林的历史画上了完美的句号。

根据皇家园林所处的地理位置，可将其分为三类。

第一类是位于宫城禁地之中的小块空地，算是面积最小的园林。通过假山的堆砌，树木花草的种植，营造成庭院式花园，如位于北京故宫中轴线最北端的御花园，位于建福宫西侧的花园以及慈宁宫花园、宁寿宫西花园（即乾隆花园）等，这些花园附着在建筑周围，布局较为周正，面积虽然都不大，但作为红墙黄瓦中的一抹绿色，也为宫廷之中的人们带来了自然的气息，局部地改善了宫廷的居住环境，为人们提供了休憩玩乐的场所，提高了宫墙中的生活品质。

第二类的规模比宫内小苑大得多。这一类的园林往往选址于皇城之内，就地取材于自然山水，然后又紧邻宫墙，为皇族休憩游玩提供了很大的便利，所以深受皇族的喜爱。我们可以从古书上看到曹操在邺城建的铜雀台园，隋文帝在长安兴建的大兴宛等，都是这类傍宫园林。

第三类是规模最大的，称为山水苑囿，完全打破了宫内花园和宫外苑囿身处城市的限制，它们远离嘈杂的都市，建于远郊或者更远的地方。这就为园林的选址和规模提供了很大的空间，常常将自然的美丽山水囊括于其中，能够塑造出真实、瑰丽、风格多变的自然风光。在这样一个规模庞大、地势不受限制的空间里面，可以根据考究的规划，将风景和建筑搭配起来，满足帝王们处理政事、娱乐、生活等的各种需求。这类园林是皇家园林中最具有艺术审美价值、景观最丰富、层次最多的一种。如汉武帝时期的林苑，唐代长安的南苑和骊山离宫，清代北京西郊的三山五园，即香山静宜园、玉泉山静明园、万寿山清漪园以及圆明园和畅春园。

第二节　造园特点

帝王作为封建王朝的最高统治者，具有至高无上的权力，可以任意支配全国的能工巧匠、植物建材、金银财宝，这为皇家园林的构建打下了坚实的物质基础，为园林的设计创作提供了许多有利条件。第一是基地选择极其自由。除了宫城内的一些小苑受到地域的限制之外，大型山水园林通常都依山傍水，选择在自然环境优美的地方建造，有时甚至让整村整屯的百姓迁居。第二是有强大的财力作为保障。只要皇帝喜欢的美景，无论消耗多少钱财也要建造，甚至到了亡国的关键时刻，也有的君主不顾国家安危，敛财造园。因为财力雄厚，建园所用的材料都是优中选优，楠木、大理石、金、银、铜等贵重材料在园林中到处可见。第三是技术工艺精湛，工程质量高。皇帝造园时，往往召集全国的高级匠师。这些匠师带来了各地的造屋、叠山、开池等方面的经验和技巧，所以皇家园林是当时造园水平的集中表现。

基于这些有利条件，皇家园林景色有下面几个特点。

一、雄伟壮丽

皇家园林往往因地制宜地融入了天然山水的自然风光。气魄宏大，占地面积辽阔。西苑三海是我国最大的城市园林，避暑山庄、颐和园以及香山静宜园、玉泉山静明园等也是范围较大的山水园林。有的甚至将当地的山水风景精华也组入园林中，例如古代著名的燕京八景中的“玉泉垂虹”和“西山晴雪”分别是静明园和静宜园的主景。人们在一般风景区中所能见到的自然峰岭、峡谷、沟壑、溪泉或平湖景观，大多能在皇家园林中欣赏到。

二、巧夺天工

匠人们创造出巧夺天工的景色。有些皇家园林地处平坦之势，园中并没有特别的山水，但是由于要满足皇族对于山水的审美需求，设计师和工匠们发挥深厚的艺术想象和精湛的技术水平，在平地打造出逼真的山水风景。例如圆明园，建造在海淀的一片低洼地上，虽然园内都是人工堆叠和挖掘的假山假水，但所创造的景色却比天然的更美。乾隆帝曾夸耀说：“天宝地灵之区，帝王游豫之地，无以逾此。”圆明园总面积约350万平方米,并且完全在平原上挖湖掘渠,堆山植树,营建宫馆,其中水面占到全园面积的一半左右,所堆山脉长达30余千米。如此浩大的工程,构思却极为精细。每一水,每一山,每一景,都经过了认真推敲,形成了环环相套、层层推进、风景多而不杂、空间隔而不断的集锦式园林。虽然园内建筑很多,但是形式多变、上下参差,因地形、随地势散布在全园中,与山水风景融为一体。凡是有机会一睹圆明园美景的游人,无不为其自然天趣所折服。

三、分区明确

皇家园林范围大,景色种类多样,数量繁多,要是处理不当,就会有烦琐杂乱之感,因而常常较为明确地分成若干个景区,景区又由许多景点组成。它们之间常常以山石林木、廊墙或者桥、堤相连,同时又利用这些景物自然的转曲和相互的遮挡,将游赏空间分隔开来,达到既联又隔的艺术效果。景区划分,一般是按照地形特点和使用性质的不同,为皇帝处理政事而设立的宫区常常是独立成区。如避暑山庄按自然条件分为山区、平原区和湖区。颐和园也一样,除了东宫门内的宫区外,万寿山的前山,昆明湖的南湖、西湖,以及山北的后山后湖区,都是各具特色的主要游览区。特别是万寿山后山,遍植林木,建筑小而散,风景自然幽邃,和前山开阔的景观形成强烈的对比。

园中又有园,是皇家园林风景的又一个特点。这种布局方法来自皇帝的封建意识。他们要看尽人间的美景,就将江南的著名园林胜景搬到自己的花园中,就近游赏。今日颐和园中的谐趣园原称惠山园,是以无锡寄畅园为蓝本的;避暑山庄中的文园狮子林、烟雨楼、小金山等小园分别模仿了苏州狮子林、嘉兴烟雨楼和镇江金山寺。而圆明园中的小园更多,杭州的西湖十景全被搬入园中。园中园的艺术手法,能使园林风景取得“大中见小”“小中见大”的对比效果。游了小园,人们更能感受到大园山水景色的宏大和宽广;而从大的风景空间进入小园,则更能感受到庭园小景的精美和小巧。

四、主题突出

皇家园林艺术是宫廷文化的重要体现,经过长期的传承和发展,形成了成熟的体系，具有深厚的人文底蕴。一些重要的文化主题被反复运用，这也体现出皇族的寄情于园的思想意识。这种通过具体物象呈现出自己的愿望的方式，成为皇家园林区别于其他园林的重要特色。

其一，在园景的设置中反映了帝王唯我独尊的思想。在两千多年的历史中，我国封建社会形成了严格的等级制度，社会生活的各个方面都遵守严格的秩序。所以建筑的多寡、规模、高低、色彩、位置等，处处体现着地位的高低、身份的尊卑等封建社会关系。封建统治者往往把自己当作中心，常常通过扩大、增高中心的建筑来彰显唯我独尊的意识，这一诉求就使得建筑往往高大雄伟，以至于和周围的环境显得不协调。就如颐和园前山排云殿和佛香阁一组建筑，这是按照慈禧太后旨意在修复时改建的。从湖边停靠御舟的码头（龙口）到高大壮观的云辉玉宇牌楼，经排云门，跨金水河到排云殿，一条规整的中轴线穿过佛香阁直达山顶的智慧海。排云殿依山筑室，黄瓦玉阶，步步登高，很符合慈禧讨吉利的心理。正殿殿顶披琉璃瓦，远望一派金光闪烁，殿后是佛香阁，阁高约41米，耸立在20米高的石台上，成为全园最高的建筑。这样一组色彩浓艳、气势宏大的祝寿朝贺用的殿堂，其上下左右又罗列了许多奇阁异亭，与园林的风景环境是不协调的，反映了独裁专权者慈禧操持朝政、显耀权势、追求至高无上的骄横心理。

其二，不少园景的设置具有四海归一、治世安邦的象征意味。历代的皇家园林作为一种人造景观，在构思的过程中就已植入统治者的理想。故皇家园林除了游乐、居住、整理政务等功能之外，还和宫殿、陵寝、庙宇等皇家建筑一样体现着皇族至高无上的权力，承载着封建统治者四方平定、国泰民安的政治理想。园林中的山水格局、建筑形式以及地点命名都具有深刻的寓意，以彰显帝王的贤明、忠义、仁孝、德才兼备。避暑山庄在湖区集中了江南各地的名景，平原区呈现出蒙古草原的景象，而园外又建有代表着我国各族文化的十二座寺庙（现存八座，即“外八庙”），像众星捧月，罗列四周，正体现了“移天缩地于君怀”的思想，象征各民族和睦，天下太平。连一些庭院摆设，也具有这种意思，如慈禧的寝宫乐寿堂前的台阶上，左右分列了铜鹿、铜鹤、铜瓶等六种物件，表示“六合太平”之意。另外，园林中还常常可以见到平面形状为折扇扇面的亭榭建筑，如颐和园的扬仁风，北海琼华岛上的延南薰等。这些景借用扇子的形式以显示帝王的仁义道德。

其三，自古以来，中国文化史上中常以“宛如仙境”来形容风景的美好，所以“仙境”也成为皇家园林传承千年的重要文化主题，寄托了古代帝王追求仙境的美好愿望。帝王为了求得长生不老，往往在园林中仿造东海三座仙山，以此寄托他们羡慕神仙洞府的感情。这类景致在以后的园林中仍可以看到。圆明园福海中有三仙岛，代表蓬莱、方丈、瀛洲三岛，名为“蓬岛瑶台”，综合了蓬莱山和昆山瑶台两大神话典故，是清帝泛舟游玩的重要景点。颐和园昆明湖中也置有三岛。在白塔山北麓山腰立有一高达数米的汉白玉柱，柱顶塑有一铜仙人托着一个荷花形铜盘，这就是仙人承露盘。虽然封建帝王也明白长生不老不可实现，但通过打造仙境之景，表达向往仙境，希求长生的心理，同时也为皇家园林打造了一道别具特色的风景线。

其四，园林风景中常常还掺杂着某些宗教色彩。封建帝王把神佛世界的打造作为一种心理寄托，满足拜佛求神的心理需要。一方面，以宗教文化麻痹百姓；另一方面，也作为自己的精神寄托，祈求菩萨保佑自己的江山稳固。清代帝王为了拜佛的方便，往往在园林中设立寺院。颐和园的佛香阁、智慧海，避暑山庄的永佑寺等均是著名的寺庙建筑。北海这座陆地较少的滨水园，竟然有寺庙五六处。海子西北隅的小西天极乐世界和万佛楼等，几乎占北海建筑的一半以上。还有，本来带有神话色彩，后来渐渐披上宗教外衣的龙王，也被请到园林中来了。在昆明湖蓬莱岛（又称南湖岛）上建有龙王庙，十七孔桥东边立有镇海铜牛，都带有祈求龙王保佑风调雨顺、五谷丰登之意。另外，那些站在殿前恭祝长寿的铜鹤，象征瑞祥的鹿，背上负着石碑永保江山不沉的龟，蹲在门前道旁专门压制邪气的石辟邪等，都含有宗教的意味。这些带有宗教意味的园林组成部分，具有其特殊的艺术造型，表达特定的宗教含义，与山水、植被完美结合，成为皇家园林中引人注目的风景。

第三节　名园欣赏

一、承德避暑山庄

承德位于河北省东北部，距北京230千米。历史上曾是清王朝鼎盛时期的陪都，是燕北地区政治、经济、文化中心。七老图山脉位于其北部，有葱郁的森林，广阔的草原；中部是燕山山脉，属于低山丘陵区；南部则是燕山山脉东段的延续，山峰起伏大，峡谷深邃。河流包括潮河、滦河、柳河、老牛河等。清澈甘甜的潮河水和滦河水，奔流不息地流往北京和天津。环绕市区的山峦，属丹霞地貌，奇峰异石自然天成，千姿百态，形成独特的磬锤峰、罗汉山、天桥山、双塔山等十大景观。

据史书记载，康熙于1701年出喜峰口勘查热河上营，发现承德这片土地北接内蒙古，东临辽东，位置险要，同时景观繁多优美，气候清爽宜人，又直达清王朝的发祥地，是清朝皇帝家乡的门户。此处可俯看关内，外可控蒙古各部，故在此修建行宫，既可优待蒙古族的达官贵人，促进民族交好，也给皇族提供一个避暑纳凉、打猎游玩的场所。

避暑山庄1703年开始修建，挖湖造堤，堆山造景，至1792年继德堂的完工，历时89年，贯穿康、雍、乾三世。这期间正值康乾盛世，国力强盛。农业发展壮大，人口增多，商业发达，为建造皇家园林提供了充足的人力、物力资源。

避暑山庄最初名为“热河行宫”，园子建到第八年，康熙皇帝御书“避暑山庄”四字匾额，加上“热河”当时又改叫“承德”，就这样改名为“承德避暑山庄”，又名“承德离宫”，是清代皇帝北巡期间下榻的离宫御苑，作为居住、理政、休闲娱乐、举行朝会以及宴乐活动的场所。

避暑山庄位于承德市中心区以北，在武烈河西岸一带狭长的谷地上。与北京紫禁城相比，避暑山庄以清新素雅的山野风光为基调，取自然山水之本色，吸收江南、塞北之景致，既具北方之雄壮，又兼南方之秀丽，成为中国现存占地最大的古代帝王宫苑。康熙曾亲自为避暑山庄题名36处胜景，后来乾隆又先后进行了两次扩建并题名36处，共72处，是以“康乾七十二景”闻名于世。

避暑山庄总面积达到564万平方米，是清代历史上最大的一座皇家园林。作为少数民族和朝鲜、琉球等国使者觐见皇帝的重要场所，避暑山庄成为京城之外的另一个特殊的政治中心。因此，避暑山庄的外围均是带有雉堞的城墙，五座园门都采用城门的形式，具有很强的防御性。自山庄落成，康熙、乾隆及嘉庆帝几乎每年来此避暑，处理政务。

避暑山庄不仅规模大，而且在总体规划布局和园林建筑设计上都充分体现了因地制宜的造园理念，充分发挥了原有的自然山水景观的优势，吸取历代造园的优秀传统和南北园林的创作经验，加以融合萃取，把园林艺术与技艺水准推向了空前的高度，成为中国古典园林的典范。

避暑山庄山地约占4/5，其他为平原、湖泊，园内有楼、台、殿、阁、轩、庙、亭、塔等120多处，以及10多千米长的虎皮石宫墙。

避暑山庄的宫殿区由正宫、松鹤斋和东宫等组成，主要位于山庄的正门即丽正门之内。丽正门位于宫墙南端，建于乾隆十九年（1754年），是乾隆三十六景的第一景。门前列石狮和下马碑，正面有红照壁，门上设有阁楼，下设三门，高大宽敞。正门上镶嵌着匾额，上面用汉、藏、满、回、蒙五种文字书写的“丽正门”，取自《易经》“日月丽于天”之意。门内上方有乾隆的题诗：“两字新题标丽正，车书恒此会遐方”，寄寓着民族团结和国家富强统一的愿望。

门内的正宫是皇帝日常起居、处理政务的主要场所，前后有九进四合院落，前为外朝，后为内寝，如同紫禁城的缩影。第二道门为午门，第三道门为宫门，东西各有朝房五间，前设月台，是清帝接见外藩的场所，有时还进行射箭比赛。

宫门院落之北为正宫最主要的建筑——澹泊敬诚殿，全部木构件都是用珍贵的楠木建成，因此也叫“楠木殿”。殿名取自诸葛亮“非澹泊无以明志，非宁静无以致远”，用意是应以简朴的生活来坚定和保持自己远大的政治目标。前庭古松参天，庄严恬静，店内悬挂康熙御笔“澹泊敬诚”的牌匾。整组建筑面积583平方米，院内木件雕饰精美。阴雨天，殿内楠木浓香扑鼻，让人心旷神怡。每年万寿节和庆祝大典之际，清帝都在这里接见王公大臣、各族首领、各国使臣。

殿后为皇帝的寝宫——烟波致爽殿，为康熙三十六景的第一景。面阔七间，建筑宽敞高大，室内装饰精致富丽，每当雨后初晴，四周风景秀丽，十里平湖，致有爽气。殿后有两层云山胜地楼，面阔五间，奇特之处在于没有楼梯，而是沿着假山拾阶而上。因其依山居高地，故可俯瞰群峰，获得朝云暮霭、风云瞬息万变的景致。

万壑松风建于康熙四十七年（1708年），为康熙三十六景之第六景，位于正宫东侧之北，是宫殿区最早的建筑群，包括万壑松风、鉴始斋、静佳室、颐和书房等。布景灵活，具有南方园林的风格，因为园内种植数百棵古松而得名，是康熙批阅奏折、会见大臣和欣赏湖光美景的地方。

松鹤斋位于万壑松风之南，建于乾隆十四年(1749年)，为乾隆三十六景的第三景。这一组建筑由门殿、松鹤斋、十七间房、乐寿堂、畅远楼等组成。畅远楼与云山胜地地势相同，观赏湖区时，一览无遗。

松鹤斋以东有东宫一组，其中轴南端正对行宫的德汇门，可以直接进出行宫。东宫中有三层大戏楼——清音阁，有天井、地井及转轴、升降等舞台设置。这里最后一进为卷阿胜境殿，殿北就是山庄的湖区了。

山庄湖区虽然没有颐和园的昆明湖那么大，但是由于洲岛错落，湖面被长堤和洲岛分割成五个湖，各湖之间又有桥相通，两岸绿树成荫，显得曲折有致，秀丽多姿。湖区的风景建筑大多仿照江南的名胜建造，如烟雨楼，是模仿浙江嘉兴南湖烟雨楼的形状修的；金山岛的布局仿自江苏镇江金山。湖中的两个岛分别有两组建筑，一组叫如意洲，一组叫月色江声。如意洲因形似如意而得名，为康熙起居和办公处，亦为太后太妃下榻处。有景点十二处：无暑清凉、延薰山馆、水芳岩秀、沧浪屿等。水芳岩秀为康熙读书静养处，1777年为庆母寿而更名“乐寿堂”。浮片玉是重檐戏楼。一片云为两层楼阁的院落，现展示清宫习俗及皇家历史。沧浪屿是一个园林小院，堆石成山，积水成池，汀步参差，曲廊穿梭，瀑布从依墙壁的山上泻下。此院景虽堆山太局促，但瀑布和汀步却是上乘之作。如意洲北面还有一湖中小岛，名“青莲岛”。上建烟雨楼，是乾隆南巡归来仿浙江嘉兴的南湖烟雨楼而作，虽气势稍逊，但构图完美无缺。楼西有北太湖石假山，山内构洞，盘山有道，登至顶上有一亭，形式如御花园的御景亭。

月色江声由一座精致的四合院和几座亭、堂组成。每当月上东山的夜晚，皎洁的月光映照着平静的湖水，山庄内万籁俱寂，只有湖水在轻拍堤岸，发出悦耳的声音，“月色江声”的题名便是由此而来。也有传说取名于苏东坡前《赤壁赋》的“月出于东山之上，徘徊于斗牛之间，白露横江，水光接天”的意境。主殿静寂山房是清帝读书之所，环澄湖、上湖、下湖，据平阜，穆然渊静，宛在水中。其后为书斋莹心堂，堂后是湖山罨画，与莹心堂的东西配殿和围廊组成四合院，内植古松，堆假山，后门临小溪，置平石数块，为钓鱼矶。上有假山、凉亭、殿堂、庙宇、水池等建筑，布局巧妙，是风景区的中心。

水心榭位于卷阿胜境殿北，湖上架石桥，石桥上建檐水榭，三座建筑并列，结构匀称，明快轻盈，望去似一条精美的游船。一方面，通过对比，强烈地展现天造地设的自然之美；另一方面，它又突破陈规，扬弃那种以太液池中象征蓬莱仙境的小岛为中心的僵化布局，使园林有婉约多姿的意趣。文园狮子林位于湖东南角，为典型园中园，四面环水，岛中凿池，院外围粉墙，院内积水、堆山、建桥，欲夺苏州狮子林之工巧。水陆两路均可入园，乾隆尤爱此景。其他景点还有：采菱渡、澄湖、芳园居、芳渚临流、环碧、热河泉、戒得堂、金莲映日、金山、内湖、清舒山馆、如意湖亭、塞湖、上湖和下湖、双湖夹镜与长虹饮练、香远益清、芝径云堤等。

平原区主要是一片片草地和树林。当年这里有万树园，园内有不同规格的蒙古包28座。其中最大的一座是御幄蒙古包，是皇帝的临时宫殿，乾隆经常在此接见少数民族的王公贵族、宗教首领和外国使节。平原区北部仿蒙古草原景象，建有蒙古包建筑群；西面为试马棣，为皇帝习武练功之处；东南名甫田丛樾，是皇帝躬耕之处，内有大片农田和瓜圃，田中建亭以纪，是农业为本的表现。平原区南边沿湖建有水流云在、莺啭乔木、濠濮间想、甫田丛樾等亭子。主要景点有绿毯八韵碑、春好轩、宁静斋、暖流暄波、千尺雪、清音阁、万树园、文津阁、永佑寺、永佑寺舍利塔。

山庄的西部和北部是山区，主要山峰高出平原50至100米，最高达150米。这里峰奇石异，林木繁茂，气候十分阴凉，比承德市区低4至5摄氏度，来此尽可体会避暑之情趣。它的最大特色是山中有园，园中有山，山区占了整个园林面积的五分之四。从西北部高峰到东南部湖沼、平原地带，相对高差180米，形成了群峰环绕、沟壑纵横的景色，山谷中清泉涌流，密林幽深。当年利用山峰、山崖、山麓、山涧等地形，修建了多处园林、寺庙，如南山积雪、北枕双峰、四面云山、锤峰落照等景点皆建在山头。其中最引人注目的是遥相对立的两个山峰上的亭子，一个叫南山积雪，一个叫四面云山。在亭子上远眺，山庄的各风景点，山庄外的几座大庙，以及山庄周围山上的奇峰怪石，都可以一览无余。在另一座山峰上，还有一座亭子叫“锤峰落照”，在这里磬锤峰首先映入眼帘，每当夕阳西照，磬锤峰被红霞照得金碧生辉，故名“锤峰落照”。青枫绿屿是一个院落，建于1703年至1708年，由门殿“青枫绿屿”、正殿“风泉满清听”、曲尺转角房“吟红榭”、别殿“霞标”、围房、赏月台等构成。院墙粉白，如江南小院，内堆黄石，遍植红枫，入口的篱笆门，令人倍觉可爱。从青枫绿屿下山，在山谷可以看到松林密布，古松合抱，高耸入云。文津阁、万树园位于平原区的中部，紧锁山口，构成一个山水藏书院，此院是全园堆石最妙的一处。文津阁外观两层，内为三层，馆藏1782年完成的

《四库全书》。阁前假山全为北太湖石堆成，既有狮子林九狮一象的形态，又有米氏十八学士登瀛洲的趣味；既有孤石成林的阳朔石林之风，又有承德十大名山的丹霞地貌。山壑间架石梁，山内构洞府，出入宛如进出桃花源。山顶两亭如笠，山下水形如月，池中泊扁舟一叶，意境高古。阁东有御碑亭一座，阁后更凿池堆山，使阁如生长于丛山峻岭的环抱之中，实为佳妙。在山坡上建的寺院及庭院，极其清雅。

山庄整体布局巧用地形，因山就势，分区明确，景色丰富，地势的独特使其与其他园林相比，显得独树一帜。山庄宫殿区布局严谨，建筑朴素，苑景区自然野趣，宫殿与天然景观和谐地融为一体，达到了回归自然的境界。山庄融合南北建筑艺术精华，园内建筑规模不大，殿宇和围墙多采用青砖灰瓦、原木本色，淡雅庄重，简朴适度，与京城故宫的黄瓦红墙、描金彩绘、堂皇耀目形成明显对照。山庄的建筑既具有南方园林的风格、结构和工程做法，又多沿袭北方常用的手法，成为南北建筑艺术完美结合的典范。

图2.1　承德避暑山庄

二、颐和园

颐和园是在被破坏的清漪园的旧址上修建起来的。说到这座皇家园林的历史，就不得不提到清漪园。清漪园是清朝盛世所建的“三山五园”中最后修建起来的一座皇家园林。这里风景优美，山清水秀，自古以来受到许多帝王的青睐，金代在此修建行宫，元代加以扩建，名为翁山泊。明代的时候也曾在此修建好山园、圆静寺。乾隆十五年（1750年），弘历为了给其母庆寿，改建为清漪园。凭雄厚的财力基础和独到的艺术修养，借鉴历代的造园经验，大兴土木，建大报恩延寿寺于山巅，并将西湖改称昆明湖，翁山更名为万寿山，并模仿了各地的名景，创造了气势恢宏的皇家园林景致，使其在“三山五园”中以山水自然景观与皇家气派完美结合而著称。

咸丰十年（1860年）英法联军侵华，清漪园全部被毁。光绪十四年（1888年）慈禧太后动用海军军费进行重建，为了“颐养太和”，故更名“颐和园”。光绪二十六年（1900年）又遭八国联军破坏，光绪二十九年（1903年）开始修复，陆续增加了不少景致，形成了今天的规模。

颐和园位于北京西郊，与圆明园相邻，占地约有300万平方米。主要运用万寿山和昆明湖两大自然景观构造而成，其中各种样式的宫廷园林建筑达到3000余间，被世人认为是“虽由人作，宛自天成”的典范，主要在于其布局是传统园林艺术造诣的集大成者。园林中山青水绿，亭台耸立，回廊辗转，金碧辉煌和清新素雅交相呼应，借助西山、玉泉山群峰的自然山势，推进了园林的视觉空间，处处体现出手法的巧妙，展现出气势的雄伟。它被誉为皇家园林的博物馆。

园中有景点建筑100余座、大小院落20余处、3000余间古建筑、古树名木1600余株。其中佛香阁、长廊、石舫、苏州街、十七孔桥、谐趣园、大戏台等已成为家喻户晓的代表性建筑。

颐和园主要由万寿山和昆明湖组成。园中主要景点分为三个区域：以庄重威严的仁寿殿为代表的政治活动区，是清朝末年慈禧与光绪处理内政外交等政治活动的主要场所；以乐寿堂、玉澜堂、宜芸馆等庭院为代表的生活区，是慈禧、光绪及后妃居住的地方；以万寿山和昆明湖等为代表的风景游览区和长廊沿线、后山、西区等广大区域，是供帝后们休闲娱乐的游览区。

万寿山，属燕山余脉，高约60米。在万寿山南麓的中轴线上，金碧辉煌的佛香阁、排云殿建筑群起自湖岸边的云辉玉宇牌楼，经排云门、二宫门、排云殿、德辉殿、佛香阁，终至山巅的智慧海，重廊复殿，层叠上升，气势磅礴。东侧有“转轮藏”和“万寿山昆明湖”石碑。前山以八面三层四重檐的佛香阁为中心，组成了巨大的主体建筑群，宏伟壮丽，气度非凡。西侧有五方阁和铜铸的宝云阁。后山有宏丽的藏传佛教建筑和屹立于绿树丛中的五彩琉璃多宝塔。山上还有景福阁、重翠亭、写秋轩、画中游等楼台亭阁，登临可俯瞰昆明湖，将全园景色尽收眼底昆明湖，位于万寿山南，约占全园面积的3/4，为中国园林中面积最大的湖泊。但它的水面却并不单调，充分利用了水面的空间，使之更具江南风情。昆明湖原本只是一个由泉水汇聚而成的湖泊，叫西海，面积还没有现在的一半大。到乾隆年间修建园林的时候，将这里进行了改造，扩湖、堆山，从而形成了今天的湖泊。

为了避免湖面单调，设计师在湖中修筑了一道长堤——西堤，自西北逶迤向南。西堤及其支堤把湖面划分为三个大小不等的水域，每个水域各有一个湖心岛。由于岛堤分隔，湖面富于层次，结构丰富，打破了单一之感。蜿蜒曲折的西堤犹如一条翠绿的飘带，萦带南北，横绝天汉。堤上筑有样式各异的六桥，从北向南依次为：界湖桥、豳风桥、玉带桥、镜桥、练桥、柳桥，均是仿照西湖六堤而建，造型不同，美感繁多。烟波浩渺的昆明湖水清沙白，让人心旷神怡。亭台廊桥点缀在湖的四周，湖中十七孔桥如长虹偃月倒映水中，三座岛屿鼎足而立。三岛上也有形式各异的古典建筑，烟波浩渺，小岛掩映在薄雾之中，亭亭玉立于水面之上，让人向往。在昆明湖畔，还有著名的石舫、惟妙惟肖的铜牛、赏客观景的知春亭等景点。沿昆明湖北岸横向而建的长廊，似一条彩带蜿蜒于万寿山前，连接着东面前山建筑群。园外数里玉泉山的秀美山形和山顶的玉峰塔影联袂而来，作为园景的组成部分尽收眼底。从昆明湖上和湖滨西望，园外之景和园内湖山自然交融，这是中国园林运用借景手法的杰出范例。湖岸和湖堤树绿荫浓，掩映着潋滟水光，呈现出一派富于江南情调的自然美。

与前湖一水相通的苏州街，酒幌临风，店面熙攘，仿佛置身于两百多年前的街道。位于颐和园东北角、万寿山东麓的谐趣园则曲水复廊，具有浓重的江南园林特色，被誉为“园中之园”。

东宫门是颐和园的正门，共有五个门孔，中间檀下挂着九龙金字大匣，上面的“颐和园”三个大字，为光绪皇帝的亲笔。由于封建社会等级森严，慈禧掌朝期间，只有她的轿子才可以从东宫门中路进入园内，其余的轿子都不能由正门进。门外两侧的铜狮子是乾隆兴建清漪园时的遗物，造型别致，十分美观。

东宫门区是颐和园的政治活动区，南侧对称排列着南北九卿房，是清朝九卿六部值班的地方。往前走，便来到了仁寿门，迎面会看到五块叫作“降虚五老”的太湖石，寓意长寿。进入仁寿门，便看到皇帝会见大臣、处理政事的仁寿殿。它由灰瓦卷棚顶装饰，并配以山石松柏，假山古树，古风四溢。

穿过仁寿殿，便到了看戏的场所——德和园。它结构分明，层层堆积，十分壮观。层高21米，台底宽17米，分为3层，自上而下分别是福台、禄台和寿台。在寿台地板上还有一口深水井。三层地板均可开合。在开启时，天井和地井沟通，顶部有绞车牵引，可以使剧中的“神仙鬼怪”在舞台上上天入地，寿台下面的井还可以扩大演员的音量，水井还可以用于表演龙口喷水等。除此之外，还有专门的扮戏楼，是供演员化妆用的。其设施形制，让人叹服。

比大戏楼更出名的是佛香阁，作为全园建筑的中心，建于乾隆二十三年(1758年)，在光绪十七年(1891年)重建，是颐和园中消耗钱财最多的建筑。佛香阁为八面三层四重檐，高41米，台基20米，体型宽厚，体量庞大，位于万寿山前山。建于山腹，使得建筑和万寿山融为一体，一方面强调了它和昆明湖的关系，一方面打破了山体呆板的轮廓线。佛香阁由前后轴线上一群密集的佛寺建筑围绕，犹如众星捧月，气度非凡，这也奠定了其标志性建筑的地位。

颐和园建筑融合了各地的精华，东部的宫殿区和生活区，是典型的北方四合院风格，游廊联通一个个封闭式院落，而南部的湖泊区则是典型的杭州西湖风格，一道“苏堤”把湖泊一分为二，尽显江南格调。万寿山的北面，是典型的藏传佛教寺庙风格，有白塔和碉楼式建筑。北部的苏州街，店铺林立，水道纵通，又是典型的水乡风格。

颐和园把“抑景”和“借景”的手法发挥到极致，以园外数十里西山群峰为背景，把玉泉山上的宝塔纳入全园画面之中。从园中西眺，山外有山，景外有景，层次分明，一望无垠。虽由人造，宛似天开。可以说，颐和园汇集了中国古典建筑的精华，融汇了不同地区、各个民族的园林风格，堪称园林建筑博物馆。

图2.2　颐和园

三、香山公园

香山公园位于北京西山，在清代称为静宜园，乃“三山五园”之一。北京西山素有“神京右臂”之称，而香山又以独特的山川、名泉、古木、红叶为其丰富了内涵。关于“香山”名称的由来，有多种说法，其种两种是：

一是据金朝李晏《香山记略》说:“西山苍苍，上于云霄，重冈叠翠，来朝皇阙。中有古道场曰香山。相传山有二大石，状如香炉，原名香炉山，后人省称香山。”这指的是香山最高峰鬼见愁上那块大石，含云吐雾，在阳光照射下，岚光袅袅，似有几柱高香在燃烧。还有一说，过去香山有杏树林，一到春天，满山杏花香，因而得名。

清乾隆十年(1745年)，动用了大量人力、物力和财力，对香山进行了大规模建设，形成了盛清时期“三山五园”之一的静宜园。园内景物非凡，建筑多样，各式的亭台楼阁、廊轩馆榭、牌坊、庙宇等分布在山峦之上，掩映在茂林绿荫之中。春夏之际，林木蓊郁，群芳怒放，泉流潺潺；秋高气爽之时，满山红叶，层林尽染，尤为引人入胜。冬游香山，大雪初晴，仰望群峰，银峦素峰，接日连云，千岩万壑披上银装；俯瞰平原，遍地玉屑，空阔无际，这就是著名的“燕京八景”之一的“西山晴雪”。园内的大小建筑群共50余处，经乾隆皇帝命名题署的有“二十八景”。

香山公园的正门是东宫门，它坐西朝东，两侧有铜狮。乾隆所题“静宜园”赤金大字匾额悬在门檐上。现在的门是改造后的大门，原门是城关式建筑，门口有牌坊三座。进门往南可见一池碧水，三面环山，幽静宜人，取名静翠湖。这里林木葱郁，山峦倒映在平静的湖水中，“静翠”二字名副其实。过静翠湖右转即到香山饭店，这里原是康熙皇帝避暑行宫故址。

香山寺原是香山一带历史最悠久和规模最大的寺庙，始建于金大定二十六年(1186年)，金世宗来此游幸，赐名为大永安寺。旧名甘露寺，是因泉得名。古人云:“西山之刹，以数百计，香山独胜。”以后，元、明、清三代都做过重修与扩建。据记载，香山寺原建有五层大殿，殿前有石坊、山门、钟鼓楼、城垣等，建筑规模宏伟。红墙碧瓦，掩映在苍松翠柏之中，为香山二十八景之一。今仅存正殿前的石屏、方碑和石台阶等遗迹。石屏中间为金刚经，左为心经，右为观音经。背面是燃灯、观音、普贤像。山门内有汉、满、蒙、藏四种文字的石碑，内容是乾隆书的《娑罗树歌》。寺门两侧，有两株遒劲挺拔、枝叶繁茂的古松，状如听法，故名听法松。在听法松下甬路中心的方砖上跺几脚，可听到铮铮之声，犹如金鸡啼鸣，故名“金鸡叫”。相传金章宗宿香山行宫，梦见泉水涌出，天明命人掘地，果得一泉，取名“梦感泉”。后来寺僧想将泉扩大，结果反而枯竭。

在香山寺东南半山坡上有一处别致清静的庭院，即“双清”。院内两道清泉常年流水不息，一股流向知乐濠，一股流向静翠湖，此即“双清”二字之缘由。院内池旁有八角亭及参天银杏树。

从“双清”向西北上山，过绚秋林、雨香馆和阆风亭。从阆风亭向西直上，可见一巨大的悬崖峭壁，乾隆皇帝看它像朝臣手中的笏板，故赐名“森玉笏”。附近有许多题字和诗句。森玉笏西北有一洞，名朝阳洞。乾隆皇帝来此洞曾即兴赋诗，现仍能见到石刻。从朝阳洞中行经平台，即到达香炉顶峰。这里山势高耸，常出现喷云吐雾之状。至高点海拔557米，亦叫重阳亭，是皇帝每年重阳节登高之处，但没有亭子，只是用黄缎搭成帷幄为临时休息之所。

从平台北望，即可见到“西山晴雪”碑。往下走，过玉华四院、三院，即到山区中心地带的玉华山庄。此处是明代玉华寺，后改建为山庄，是观赏红叶的好地方。再往北，经芙蓉馆即到昭庙。这是一座大型藏式喇嘛庙。乾隆四十五年(1780年)为接待西藏班禅来京而建。该庙的醒目建筑即琉璃塔，高30米，塔顶有黄色琉璃宝瓶和八条垂檐脊；檐间系有铜铃56个，闻风而响。下面是八角须弥座及白玉石栏；石栏下是八面张开的瓦盖，再下面是八面石砌塔基，每面刻佛像一尊。

昭庙往北可见一道围墙，墙内即见心斋。这里是唯一一处保存较好的古迹，始建于明嘉靖元年(1522年)，清嘉庆元年(1796年)重修。小院内建筑布局极富江南情趣。院内东侧为半圆形水池，泉水由龙头吐入池内。上挂“见心斋”匾额。池东与轩相对者为知鱼亭。院内池轩相映，回廊临水，是香山公园中的园中之园。

见心斋下，有两个小湖像两个眼镜片，两湖之间的小石桥颇似镜架，故名“眼镜湖”。北侧有一人工石洞，洞口水帘垂挂，人们称其为“水帘洞”。

香山山势奇异，树林茂密。涌泉溪流，幽静清雅。依山傍水，点缀有亭、台、楼、阁等建筑，天造人设，展现了山林苑囿的特色，当年曾盛极一时。1956年，香山开辟为人民公园，郭沫若亲笔题写了园名。

四、御花园

中国历代王朝的大内宫城为了起居方便，大多采用“前宫后院”的格局，常常在宫殿的北部设一个独立的园林区。御花园就在坤宁宫后方，明代称为宫后苑，清代称御花园。位于北京故宫中轴线的最北端，始建于明永乐十八年(1420年)，以后曾有增修，现仍保留初建时的基本格局。园中不少殿宇和树石，都是15世纪明代的遗迹。御花园原为帝王后妃休息、游赏而建，但也有祭祀、颐养、藏书、读书等用途。

御花园占地约1.2万平方米，全园南北宽80米，东西长约140米，有建筑20余处，其主体建筑为钦安殿，是明代嘉靖皇帝为祭祀道教神灵而建的。园内建筑布局对称而不呆板，舒展而不零散，各式建筑，无论是依墙而建还是亭台独立，均玲珑别致，疏密适度。

御花园以钦安殿为中心。钦安殿是重檐盝顶式建筑，坐落于紫禁城的南北中轴线上，以其为中心，向前方及两侧铺展亭台楼阁。它把花园分成东、西两个部分，近20座不同风格的殿宇轩斋大致建在东、西两侧对称的位置上，只有绮丽小巧的亭台布于园中。因此钦安殿虽然东、西有对称的建筑，但不能同时收入眼帘，从而在视觉上扩大了原本面积不大的花园。堆秀山与御景亭位于钦安殿东北。由各种形状的太湖石块堆砌而成的假山，依墙拔地而起，高14米。这座假山是由人工堆成的，堆山匠师们称之为“堆秀式”，故称“堆秀山”。山前一对狮子石座上各有一石刻龙头，口喷水柱高达10余米，景象十分壮观。山下小路曲折盘旋通向山顶。山前正中有门，门内有洞，沿洞内石阶盘旋而上，也可到达山顶。山顶建有四角攒尖顶方亭一座，名御景亭。每年九月初九重阳节，清代帝后都要上堆秀山登高，到御景亭览胜。

绛雪轩位于御花园东南角，养性斋位于御花园西南角，两斋遥遥相对，造型高低不同，对称却不呆板。绛雪轩的门窗装饰均为楠木雕刻，窗棂雕有“万寿无疆”花纹。乾隆皇帝常到绛雪轩吟诗作赋，曾有“绛雪百年轩，五株峙禁园”的诗句。当时绛雪轩前有五株海棠树，每当花瓣飘落时，宛如红色雪花纷纷降下一般，遂将此轩命名为“绛雪轩”。轩前琉璃花坛里有一簇极为罕见的太平花，这是晚清时西太后命人从河南移来栽种于此处的。养性斋是一座楼阁式藏书楼，末代皇帝溥仪退位以后，曾聘请教师在这里教他学习英语和数学。

园内有象征四季的亭子——万春亭、浮碧亭、千秋亭、澄瑞亭等名亭，分别象征春夏秋冬四季。万春亭与千秋亭一东一西，都是方形重檐亭子，上有伞状攒尖圆顶，四面出厦，构成十二角；浮碧亭、澄瑞亭两亭也是一东一西，均为方形。此外，园林植物以柏树为主，古柏、金丛楸、连理树成为三绝。园内青翠的松、柏、竹间点缀着山石，形成四季常青的园林景观。

御花园的叠石分为两个区域，园中西南部有四组叠石山景，都是以自然山峦为蓝本，依园中位置与环境有正西组合，有西南弯形和西北斜形组合。叠石参差错落有致，通过线与面的结合，高与低、曲与直、巧与拙、繁与简等强烈对比，形成极富变化，有着统一与和谐的独特优美形式的多个洋溢着艺术氛围的园林小空间。

御花园是保留至今最古老的宫内园林，其景色特点与一般以山水为主题的皇家园林有很大的不同，主要体现在以下几点：其一，布局对称严谨，中间有条明确的轴线，主要建筑及园林小品皆相对布置。如花园的西北一带，与园东北一带的藻堂至万春亭的建筑，从形式到布局，均采用了一左一右、两两成双的对称式。建筑的命名也取东西对仗的办法，如金香对玉翠（明时称凝香为金香）、浮碧对澄瑞、万春对千秋等。这种工整的布局、严格的对称，在一般园林建筑中是很少见的。御花园因地制宜，大胆采用这一形式，主要是为了与整个故宫布局相协调。尽管建筑形式与格局如此对称，但由于山石、树木、环境景观的不同处理，却没有给人以雷同的感觉，表现出我国古代园林艺术的高超水平。其二，多古树名木。因花园建造年久，故园内多古松古柏，其美丽如画的姿态，苍翠的绿色，给这座特殊的园林增添了不少古朴之美。其三，建筑密度高。一般园林均有山有水、风光自然，但御花园居深宫，受宗法礼制思想之影响，在总体上仍然是故宫建筑群的延伸，因此园内建筑很多，亭、殿、馆、所较密集，呈现出一种特殊的园林风貌。

五、北海

北海原是西苑三海的一部分。西苑包括北海、中海和南海，其中北海的面积最大，现总面积68万平方米，其中水面为39万平方米，陆地为29万平方米。它是我国留存至今的皇家园林中最优美、最完善丰富的一座，以其独具匠心的布局构思和艺术水平的高雅深妙而著称。

北海历史悠久，历经辽、金、元、明、清五个朝代，近千年的沧桑变化，历经多次劫难,多次修建、添建。今天的北海,是1949年后,在乾隆年间的基础上,经过多次修护,才成为保存最完整的皇家园林之一。

白塔山亦称琼华岛、琼岛,位于南部水面。岛呈椭圆形,周长880米、高45米,是金代从汴梁运来的太湖石堆叠而成的。主峰极点是南北、东西两条轴线的正交点,十分鲜明地突出了白塔。依山势建有永安寺建筑群。山南侧有永安桥通团城和园前门。山北隅有仿镇江金山寺而建的漪澜堂和道宁斋等。山西坡有琳光殿和阅古楼,山埌有亩鉴室、烟云尽态亭、甘露殿、蟠青室、摄山亭等,景色古雅幽静。山东麓林木成荫,怪石嶙峋,崖洞深邃。自山门、石牌坊至智珠殿、见春亭,构成燕京八景之一的"琼岛春阴"。

白塔是一座藏式喇嘛塔。清顺治八年(1651年)建于广寒殿旧址上。塔基为方形白石须弥座,塔体白色,全部由砖砌成。塔上部为尖锥,下部似覆钟。塔下立有清顺治八年(1651年)、雍正十一年(1733年)、清乾隆三十八年(1773年)的碑记并建有用琉璃瓦砖砌成的善因殿。其四壁雕有佛像,中央供奉文殊菩萨铜像,俗称"镇海佛"。

永安桥位于白塔山南面,是连接白塔山与北海南岸的通道。建于元代初年,原称"堆云积翠桥"。桥两端各有四柱三楼式木牌坊一座,上有蓝底金字题额:桥北曰"堆云",桥南曰"积翠"。桥的正北,坐北朝南倚山而建一座永安寺,布局宏阔。1651年建成,初名白塔寺,1742年重修时改称永安寺。内有"白塔山总记"和"白塔山四面记"石碑。永安寺是北海公园比较集中的古建筑群。

悦心殿位于白塔西南侧。清代,从乾隆至光绪,皇帝游北海时,都在此召见大臣,办理政事。殿内有宝座和古玩陈设,置铜鼎、铜缸、铜鹤、铜鹿、铜凤、铜龙等,并有专供皇帝品茶和用早点的御茶房和饽饽房,慈禧在院内增设了金漆彩画天棚架子。每到腊月时节,皇帝陪同皇太后等在此观赏太液池上的冰嬉。

白塔西北侧的阅古楼是两层楼宇的建筑,上下各25间,左右环抱成半月形。楼上存有乾隆年间模刻的《三希堂法帖》。乾隆十二年(1747年),将"三王"墨迹及魏晋以来的名家墨迹编定为《三希堂法帖》32卷,命人分刻在495块石板上,又将刻板嵌入阅古楼墙壁,原帖仍藏故宫养心殿三希堂内。阅古楼石刻是中国历代书法的重要汇编,书法、刻法均精巧绝伦。

在白塔东北侧立有著名的琼岛春阴石碑。琼岛春阴碑碑首雕四龙戏珠,碑座为雕龙须弥座,碑高4.1米。碑阳书"琼岛春阴",碑阴书乾隆题七律一首。

仙人承露盘位于白塔西北假山间,为一方形雕花石须弥座,中间竖立一根汉白玉蟠龙石柱，柱顶立一铜制古装仙人，双手托一荷花形大铜盘。据说，汉武帝刘彻听方士说，用铜盘承接甘露，用于服药，可使“不寿者八百岁”。

延楼游廊，临湖环山，为一组圆形整体建筑群，乃乾隆时仿照金山江天寺修建。游廊以漪澜堂为中心，东起倚晴楼，西止分凉阁，延楼60间，临水游廊60间，总长300米。游廊为筒瓦元宝顶大式作法，苏式彩画。漪澜堂为帝后登舟泛湖的码头，乾隆常在此垂钓。堂西的道宁斋，是清代皇帝和御用文人吟诵诗文之处。

濠濮涧位于北海东岸，始建于乾隆二十二年(1757年)，乾隆帝六次南巡江南之后。沿岸叠石建假山，水上架石桥，桥南为临水轩室，匾额曰“壶中云石”。北侧为云岫厅，西侧为崇椒室，均有光绪皇帝御笔题匾。颐和园未修前，慈禧常在此消夏。

濠濮涧北面是画舫斋，如同一只大船，它的西北面的“小玲珑”如同一只小船，都建在水上，有曲廊相连接。三进院落，称“春雨林塘”。中间有方形水池，画舫斋为临池正殿，以走廊连接配殿，廊下有金锦彩绘。清代皇帝常召集名画家进园作画，所有作品都集中在此陈列。画舫斋西边套间为慈禧的烟房，东跨院古柯庭为光绪住所。后院奥旷室为御茶房、内果房、内饽饽房。画舫斋是乾隆皇帝在北方皇家园林中移植江南私家名园成功的一例。

静心斋位于北海北侧，南临太液池。始建于明代，1757年扩建，原名“镜清斋”，1913年改现名。这是北海公园最著名的园中园，有“乾隆小花园”之称。据说，乾隆和以后的皇太子们都曾在这里读过书。院内有一排厅堂，堂前为莲池，池边假山堆叠，细泉环绕，布局精巧。著名喇嘛章嘉呼图克图、达天、莲筏常被请到此处为乾隆帝讲经。清朝末年，慈禧挪用海军经费，对这里的建筑进行了大规模扩建，并由中南海到北海沿湖岸铺设铁轨，直通静心斋门前小火车站。慈禧每逢夏季都要乘小火车到静心斋避暑。

西天梵境位于静心斋之西，又名天王殿，原为明代西天禅林喇嘛庙。乾隆二十四年(1759年)，重修时向西扩展，改现名。庙前有两块著名石碑，左刻《金刚经》，右刻《药师经》。正殿为大慈真如宝殿，全部用楠木建成，内供三尊5米高、铜制的三世佛。前为天王殿，后为琉璃阁。西天梵境前有一座精美的“须弥春”琉璃牌坊，亦称“般若祥云”牌楼，与圆明园中“慈云普护”牌楼为姐妹之作。

北岸还有著名的铁影壁和九龙壁。九龙壁位于西天梵境西侧，是大西天经厂门前仿木结构的彩色玻璃砖照壁。全壁用424块彩色玻璃砖砌成，高5米，长27米，厚1.2米。底座为青白石台基。其上为绿琉璃砖砌须弥座。壁身为彩色琉璃浮雕，两面各有九条形态各异、出云入水的蟠龙，造型活泼，光彩耀眼。顶为筒瓦四坡式，壁的正脊、重脊、筒瓦、陇垂等处共有635条龙。

澄观堂位于九龙壁西北，坐北朝南，为皇帝祭佛时休息更衣处及后妃的休息处。共三重大殿，依次为澄观堂、浴兰轩和快雪堂。

铁影壁位于澄观堂前，是铁褐色中性火山岩雕刻品，壁高1.89米，长3.56米。两面浅雕云纹、异兽等，手法古朴雄健、苍劲有力。阐福寺位于铁影壁西，原为明代泰素殿北面的行宫，殿前有亭，名会景亭。其正殿称大佛殿，形状和结构与雍和宫大佛楼相同。殿内供奉的大佛像是用整棵金丝楠木树干雕成的千手千眼佛，佛身嵌满珠宝。八国联军入侵后，大佛身上的珠宝被盗走。1919年春，寺庙被焚毁。

北海是北京城内最为精致的帝王宫苑，也是我国现存历史最悠久、最完整的皇家园林。它以富丽多彩的文物古迹、风格独特的造园艺术和优美秀丽的湖光山色而驰名中外。

中华人民共和国成立后，北海公园被列为国家重点文物保护单位，疏浚三海、修整建筑、增加设施，使北海成为人民休息游览的胜地。1987年，北海被评为北京新十六景之一。

六、静明园

静明园即玉泉山静明园。玉泉山自元代开始，便是北京西郊有名的风景胜地，后由清康熙帝在南坡始建行宫，命名为静明园。此后就成为一座以山景为主兼有小型水景、皇家独占的天然山水园，是清代“三山五园”中的一座。玉泉山是西山东麓支脉上的一座小山，它的东边是颐和园的万寿山，西边是蜿蜒如黛的西山群峰。玉泉山就在西山的腹心，地带平地突起，主峰海拔100米，山形秀丽，林木葱郁，两侧峰拱伏南北，状如马鞍，山上多奇石幽洞，随处皆泉，景色宜人。

园内经乾隆命名的景点有十六处，乾隆二十四年（1759年）全部建成后又增加十六景。乾隆五十七年（1792年），全园又进行了一次大修，此为玉泉山建设的极盛时代。

静明园，面积约65万平方米，园门六座。正门南宫门五楹，西厢朝房各三楹，左右罩门，其前是三座牌楼形成的宫前广场。东宫门、西宫门的形制与南宫门同。此外，另有小南门、小东门和西北夹墙门。园内共有大小景点三十余处，其中寺、观就占十所之多。许多石穴洞景也都与佛、道题材有关,山上还修建了四座不同形式的佛塔,足见此园浓厚的宗教色彩。可以推测,乾隆当年建园的目的,显然在于模拟中国历史上“名山藏古刹”的传统而创造一个园林化的山水风景名胜区。

静明园的景观大多选择在临近水面的山坡上建造,山水相映成趣,楼台倒映水中。如果按山脊的走向与沿山湖泊所构成的地貌环境,则全园可以大致分为三个景区:南山景区、东山景区和西山景区。

山坡南面为南山景区,是以玉泉湖为中心的全园建筑精华荟萃之地。南宫门内有两进整齐对称的院落。前进院落正殿七楹,名“廊然大公”;后进院落殿名“涵万象”。这组建筑是园内的宫廷区,北临玉泉湖,和玉泉湖的乐成阁及南宫门在一条南北轴线上。玉泉湖是园中最大的一处湖面,湖中布列三岛。玉泉泉眼在湖西岸,泉北有龙王庙,殿悬“永泽皇畿”匾额。龙王庙之南为竹垆山房,是仿无锡惠山听松庵而建的。西岸山坡上还有开锦斋和赏遇楼两处小景点及吕祖洞、观音洞两处洞景。吕祖洞前建道观真武庙,额书“辰居资佑”,南有双关帝庙,额书“文经武纬”。湖两岸的建筑群背山濒水,与山顶的华藏塔上下掩映,构成一幅动人的风景画。

玉泉山主峰上的一组依山势层叠而建的一组佛寺建筑——香岩寺、普门观和仿镇江金山塔的形制的八角九层琉璃砖塔——玉峰塔,构成了南山景区的重点。香岩寺以南山坡上还有很多石洞,如刻有五百罗汉像的罗汉洞、供观音像的华严洞以及伏魔洞、水月洞、资生洞等,华严洞前建成了“云外钟声”一景。玉峰以东是裂帛洞,湖泉自石壁出溢为渠,湖西岸建观音阁,北岸临水有清音斋,东有心远阁,北为含辉堂,自成别具一格的幽邃小园林。湖水流经园东墙闸口注入玉河流往昆明湖。

玉泉山东坡及东麓为东山景区,以宽约9米、长22米的影镜湖为中心,沿湖环列建筑,构成一座水景园,北岸楼阁廊榭,高低错落,曲折围合。植物配置以竹为主,故景题“风篁清听”。湖东岸有船坞及水榭延绿厅,此景区即“镜湖涵虚”一景。沿湖岸有分鉴曲、写琴廊,向南直达试墨泉。影镜湖北为宝珠湖。泉名宝珠泉,湖西岸有含泛堂、书画舫,游人可自此循山道登至山顶。山顶主要景点是妙高寺,寺后有锥形五塔名妙高塔,是园内另一制高点,又后为该妙斋。侧峰南面山坡上有小飞来、极乐洞等景。“峡雪琴音”一景是跨洞架岩构筑的两进院落,是观赏山泉景观的好地方,附近山间还点缀着几座小型亭阁。

西山景区即山脊以西的全部区域。山西麓的开阔平坦地段上建造了园内最大的一组建筑群,包括道观、佛寺和小园林。

玉泉山的泉水丰沛,从前泉眼很多,几乎处处皆泉。其中最大的一组就是玉泉,在山的西南麓。泉水从山根仰出,喷薄如珠,晶莹如玉,储而为湖。清澈见底,水自池底上翻水面,如沸汤滚滚,清高宗称之为“天下第一泉”。“燕京八景”之一的“玉泉趵突”即指此泉。泉旁立石碑二,左刊乾隆御书“天下第一泉”五字,右刊御制《玉泉山天下第一泉记》全文。乾隆曾将国内各地的九处名泉的泉水加以评比,后来选出玉泉的水质最甘甜,使得玉泉山的泉水身价百倍。

玉泉山主峰以东有裂帛洞,湖泉自石壁出溢为渠,涌泉如珠,迸流溅雪,作裂帛声,“裂帛湖光”即此景。建有赏景的亭台筑,湖西岸的山坡上建观音阁。加上泉水的灵动声入景,动静结合别有一番风味。

静明园充分发挥了自己的地理优势,巧妙地构思了各个景点。主次分明,层次丰富,表达出幽深、明朗、曲折、缓急等不同的韵味,展现出自己独特的魅力。其中的建筑充满了宗教气息,这也是它的一大文化特色。全园的建筑和山林环境和谐地融为一体,被认为是三山行宫中自然景致最为秀美的一处。

第三章　私家园林

第一节　概述

私家园林，顾名思义是指私人拥有的花园，它的建造目的是为了家庭和个人服务。在留存至今的古典园林中，私家园林分布范围最广、数量最多，也最具代表性。由于私家园林属于个人，所以其风格特点与主人的欣赏水平和经济实力有关。所有者的学识修养、审美情趣存在差异，私家园林也呈现出纷繁的面貌。

私家园林是其所有者休闲的场所，也是其精神追求的体现。达官贵人的庭院往往到处都透露出富丽堂皇的恢弘气派；文人的庭院追求一种寓情于景的雅致之美；寻常人家的庭院较为简单，在屋宅旁的空地栽花点石营建而成。保留到今天的园林中，审美价值高且具有个人风格特色的园林大多是由文人或是具有文化的商人修建而成。这些园林不仅在当时受到追捧，时至今日也是旅游的热门场所。

在中国园林发展的早期，皇家园林引领了园林的规范与潮流。六朝以后，文人主导的私家园林开始不断完善，发展出与皇家园林不一样的造园方法与风格，为皇家园林和其他园林提供源源不断的设计源泉。私家园林在地大物博的华夏土地上，因地域的不同呈现出不一样的景致。根据地域可划分为江南、北方、岭南、闽台四个区域，每个地方的私家园林造型特点都与当地的风土人情和自然条件相关。

一、不同地域的私家园林

（一）江南私家园林

江南地区，主要是指环太湖流域的苏南、上海、浙北地区。园林上的划分较为广泛，南至宁波、绍兴一带，北至扬、泰、通一线。江南地区的皇家园林在六朝、南唐、南宋时曾有过营造，南宋以后，随着市民文化的发展，私家园林开始繁荣，文人主导的园林营造让江南私家园林在今天也能够享誉海外。历史上江南地区的园林在数量上是很多的，但由于经历的年代久远，劫难不断，大多被破坏，留存到今天的江南私家园林已经较为稀少了。

江南地区的自然条件十分适合营造园林，这里的肥沃土壤有利于植物的生长，丰富的水资源让园林能够与水景相得益彰，温润怡人的气候让江南私家园林具有诗情画意的美感。在经济方面，江南地区在历史上一直是富庶之地，这里的贸易活动为造园提供了经济支持 。文化上，江南向来是文人骚客聚集之地，审美水平超越了大多数地区。江南私家园林正是因为有如此多的优势，所以历来品质颇高，在南宋以后不断发展，引领了造园的潮流。

江南私家园林是中国古典园林的重要分支，在世界园林艺术上占有举足轻重的地位，其风格和特色也对国内外园林建筑产生了重要的影响。江南私家园林沿袭了唐宋自然山水式园林的主题和经营手法，并于明清时期达到了全盛。

江南地区私家园林又以苏州园林最为突出，苏州地区私家园林数量第一，代表了江南地区私家园林的最高水准。苏州园林最富代表性的有拙政园、沧浪亭、狮子林、留园等等，同时，江南地区其他城市也均有各具特色的私家园林，如扬州个园、上海豫园、无锡寄畅园等等。诸如此类的私家园林建筑，各具特色和魅力，使得江南地区私家园林艺术成为中国艺术史上的瑰宝，享誉中外。

(二)北方私家园林

私家园林并不是只有南方才有，北方的皇家园林被世人所熟知，私家园林却往往被遗忘和冷落。北方私家园林的区域泛指秦岭—淮河以北的广大地区，以北京、天津、山东、山西为主。

由于气候、地理、经济等方面的限制，北方的私家园林地域分布很不均衡，历史上兴盛的区域有关中、中原、幽燕三地，其次是齐鲁和三晋。北京由于处于政治中心，经济上的繁荣导致私家园林的营造也较为丰富多样；以济南为中心的区域向来文化鼎盛，历代也有私家园林的兴造；三晋地区的太远、太谷、平遥等地是晋商发源地，一些富庶商人也在宅邸旁修建园林。北方由于气候偏干冷，风土人情也相对粗犷、稳重，整体而言，私家园林的修建也较为雄浑大气。

历史上北方出现过很多著名的私家园林，比如西晋金谷园、唐代平泉山庄与惘川别业、宋代独乐园、元代万柳堂、明代勺园与清华园等等，可惜均已不存，连清代的自怡园、惠园、水西庄等名园也大多归于尘土。北方现存的私家园林主要分布在北京地区，山东的曲阜、潍坊、青州和天津地区也有少量园林保留至今，山西等地还有零星遗存。这些大多是清代以后的作品，年代较晚，不能反映历史上最高的造园水平，也无法代表更广泛的地域范围。但即便如此，现存的一些名园依然拥有很高的艺术价值，其优美的景致足以让我们大致领略到昔日北方私家造园的卓越成就。

（三）岭南私家园林

岭南，古代是百越民族聚居地，今天的范围包括了广东、海南、闽南和广西的大部分地区。由于这些地区所处的地理位置较为接近，风俗习惯和气候环境差异相对也较小，因此，这一地区的私家园林形成了特殊的面貌。

岭南地区地处低纬度季风区，日照强烈而高温多雨，具有亚热带地区气候特点。由于靠近海边，所以气候相对温和，夏长冬短，雨量充沛，植物种类繁多。这些丰富的植物种类为岭南私家园林的营建提供了极佳的条件。

岭南私家园林是多元文化的体现，它吸取了中原地区和本地文化特色。同时，岭南私家园林还注重顺应地域和自然环境，用独特的构建模式来适应炎热多雨、台风肆虐的气候，以减弱强风暴雨对园林的侵袭。岭南私家园林还注重人文景观的塑造，注重实用性与装饰性并存。岭南园林中对水池形式十分注重，几何曲线造型的水池是岭南园林的特色之一。

岭南地区的地形主要是山地，这就与江南地区一望无际的平原产生了差异，也使得岭南园林有了自己的造园特色。岭南园林能够很好地依托山地环境，在原有自然条件基础上进行改造。选址方面，岭南园林倾向于将园林建于山水之间，远离闹市，利用水资源与林木资源打造园林，清晖园、梁园就是其中代表。

（四）闽台私家园林

福建古代被称为“闽”，闽台地区是福建、台湾地区的简称。在闽台地区中，尤以福州、泉州、漳州、厦门地区的私家园林较为精彩，台湾地区的私家园林则主要集中于台南、新竹、台北等地。

闽台的私家园林繁盛于明清时期，从宋元时期开始就有福建的移民到台湾地区生活，建筑也深受闽南文化影响。台湾传统建筑基本上是闽南传统建筑体系的延伸，由于长期演化，又呈现出复杂性与多样性。闽台地区气候温润，适合花木生长，因此私家园林也多用花木装点，竹子的使用尤为广泛。闽台园林之中，花香树绿，各种亚热带瓜果点缀其间，充满了生机勃勃的景象。

从闽南地区最早的私家园林——唐代荔园算起，到明清时期私家园林的兴盛，已有千年历史了。闽南私家园林虽不如江南园林轻盈秀丽，曲折幽邃，亦不如北方园林稳重典雅，雍容华贵，但它拥有江南、北方园林所不能比拟的最大特色——擅长汲取西方园林建筑的风格，以一种"万物皆备于我"的心态，拿来为我所用，从而形成了颇具闽南特色的园林风格。闽南地区气候炎热，故庭园宽敞以适合纳凉，并使内外空间互相渗透，其所用建筑材料多为海外舶来品，甚至建筑造型及装饰纹样亦常仿西式，如建筑局部的西洋古典装饰——拱形门窗、欧式柱头、西洋式护栏构件、铁枝花饰样等等，构件预制化，是外来文化的影响。庭园之规划，池沼之型制，明显受到了西方文明的影响，在审美模式上有所反映并加以应用。

闽南私家园林历史悠久，源远流长，虽然现存实例不多，但它独特的发展过程，在中国园林艺术中独树一帜。在园林布局、空间组织、水石运用和花木配置方面均已形成自己的特色，尤以"经世致用，多元并蓄，务实而写意"的艺术风格和顺应地方自然条件的表现手法见长。

二、私家园林发展历程

关于我国私家园林的产生，学术界也没有定论。罗哲文先生认为："秦以前，除帝王、诸侯、卿相等显贵外，一般的商民很少置较大的园林。"显贵与一般商民的宅前花园应该属于私家园林范畴，即便如此，秦代以前的私家园林，我们仅能从文献中窥知一二，并没有可靠的实例。"囿"是我国古代园林艺术的源头，从字的造型来看，它指的是将一块自然林地围绕起来。它的产生除了满足统治者的需求，更重要的是其具有一定的政治与经济意义。"天子百里，诸侯四十里"，根据囿的大小可以判断政治地位的高低，这与鼎的数量决定地位是一样的。有专家认为黄帝时代已有天然园林。据历史记载，那时除天子外，其他相对独立的王也有园囿。汉代之前，诸侯们不仅拥有土地，还拥有独立的监狱及军队，私家园林的产生条件逐渐具备。汉代诸侯的财产不是宗族的财产，而是个人的私有财产。以此而论，如果这时的诸侯有园林，就属私家园林了。据目前的资料分析，中国私家园林大致产生于西汉前期。

产生于西汉前期的中国早期私家园林，与汉代以后的私家园林有很大的不同，有明显的时代特征。第一，中国早期私家园林的蓝本是皇家园林，所以有明显的皇家园林的特征。宏大是皇家园林及其他皇家建筑自始至终不能放弃的特征之一。早期私家园林范围也比较广阔，动辄以里计，为后世所不及。梁孝王的东苑"方三百里"，袁广汉的北邙山园林"东西四里，南北五里"。能建造如此巨大规模的私家园林不仅需要巨额财富，还需有汉代建立之初的社会环境和自然条件。汉代以后的私家园林虽然也有壮观豪华的，但人口的增加使土地日显珍贵，再也不可能在都邑附近的黄金地段建造规模如此巨大的园林了。第二，早期私家园林的内涵也是皇家园林的翻版。早期的私家园林修建中，挖大池、堆大型土石山、建高楼是主要的硬件，广植奇花异木和饲养各种珍禽怪兽是治园的重点。以此而论，早期的私家园林尚属于刚从皇家园林中脱胎出来的阶段，园林的个性不及后世的园林那么鲜明。第三，与皇家园林相比，西汉前期的私家园林又有自己的特色。首先是把山水、动植物与居住建筑结合在一起，使人与优美的环境更为接近。而当时的皇家园林还是"离宫型"的。这种园林和住宅结合在一起的建筑，是私家园林长期延续的重要特征之一，也为后来的皇宫建筑所吸收。其次是私家园林更少受到礼仪的约束，建筑上可以相对自由些，从而为中国园林的个性化开辟了新路。

东汉之后，人们的审美品位有了一定提升，造园能力也得到了提高，出世或弃官归隐的文人开始将自己的心力用于营造契合自身人格理想的园林上。

魏晋南北朝，我国社会陷入动荡，对朝政失望的知识分子开始归隐山林，逃避现实。魏晋时期，隐逸文化盛行，出现了"竹林七贤"等一批隐匿于山水之间的文人雅士，而且出现了一大批诸如陶渊明、谢灵运、陶弘景等在士人园林发展史上占有重要地位的人物。这些人除了自己进行园林实践之外，还对园林营造的美学、艺术手法等做了归纳与论述。这些人物的生活方式影响了整个社会，也就使构建园林并在其中追求隐逸文化的意趣，成为当时士大夫阶层中广为流行的一种风尚。魏晋南北朝是中国古代园林史上一个重要的转折时期，私人园林的勃兴是这个时期最重要的标志。这个时期著名的私家园林有西晋石崇的金谷园、南朝刘宋时期谢灵运祖孙的始宁园、南朝梁萧绎的湘东苑。

唐宋时期，社会富庶安定，文化得到了很大的发展，尤其是诗书画艺术达到了巅峰时期。文人造园更多地将诗情画意融入自己的小小天地之中。文人阶层这种普遍的风尚，也逐渐对皇家园林和寺院园林的趣味和艺术风格产生了重要影响。

明清时期，私家造园之风兴盛，尽管此时私家园林多为城市宅园，面积不大，但就在这小小的天地里，却营造出了无限的境界。此时出现了许多优秀的私家园林，其共同特点在于选址得当，以假山水池为构架，穿凿亭台楼阁，树木花草，朴实自然，托物言志，小中见大，充满诗情画意。从现今留下来的明清时期的宅园布局来看，北方的私家园林受四合院形制的影响较大，显得较为拘谨；南方的私家园林则在空间布局上更加自然大方。

第二节 造园特点

在古代，造园是一种社会性较强、较为普遍的艺术活动。实际上，中国园林是利用山石、花木等自然之物，经过巧妙的构思来美化生活环境的艺术。人皆有爱美之心，所以在某种程度上，园林是一种自发的大众性的艺术。不管是达官贵人，还是市井平民，都会在自己力所能及的范围之内，进行造园活动。

留存至今的古典园林中，私家园林分布范围最广，数量最多，最具有代表性。同时，由于各种家庭的经济实力、学识修养、知识层次、审美情趣有差异，也使得私家园林大小规模、艺术旨趣也各不相同。例如，有模仿帝王苑囿，追求景多景全的王公贵族的花园；有耀富争胜、堆砌雕楼的商贾花园；有讲究诗情画意的文人园林；还有一般百姓在宅旁屋后空地上栽花点石而营建的小庭院。在这些园林中，艺术成就较高、较具历史文物价值的是文人园林。

私家园林中，以小见大、富有文意、四时美景之雅、可居可游、个性鲜明是最重要的特点。

一、以小见大

一般来说，私家园林都占地不大，如何在小巧的土地上获得最大限度的美感是对造园者的考验。除了尽量延伸“小”的美感外，有的私家园林还以“小”为荣，例如苏州的壶园、南京的芥子园、北京的半亩园等，都是以“小”著称的私家园林。这种对“小”的追求，一方面是因为文人的经济条件不如达官显贵们充裕，不能在一个开阔的土地上施展拳脚，建造庭园；另一方面也可看出佛家思想的影响，微小的庭园被称为“小品”，往往有着“以小见大”的美感。

就哲学和文化方面而言，中国人崇敬大自然，宣扬人类的渺小和自然的伟大，向往“采菊东篱下，悠然见南山”的田园生活。在喧嚣的城市中，园林正是人们接近自然、欣赏自然的场所。佛教的传入加深了古人回归自然的理念，向往“生在尘世，置身度外”的自然生活。道教的盛行，老庄的出世哲学深入人心，让人们极力追求从小园林之中体验出世的感觉。皇亲国戚、达官贵族们将自己的生平志向寄托于园林之中，身心搁置于尘世之外。置身其中，仿佛身归自然。小小园圃之中，需要“以小见大”，将有限的空间无限化，从而将园林主人的情感抒发于无穷。

客观因素方面，私家园林属于私人所有，以皇亲国戚、高官、地主、富商居多，多处市井之地，空间有限，面积狭小，围合在一定范围内，又受到周边环境影响较多，形态封闭内向。故而造园者常用以小见大的空间设计手法，在私家园林中应用非常多。

二、富有文意

由于很多私家园林主人的文人身份，他们所造的园林也透露出极高的文学底蕴。清代园林评论家钱泳在他的《履园丛话》中谈道：“造园如作诗文，必使曲折有法，前后呼应，最忌堆砌，最忌错杂，方称佳构。”园林家陈从周认为，网师园的文学气息浓厚，十分具有书卷气：“网师园清新有韵味，以文学作品拟之，正如北宋晏几道《小山词》之‘淡语皆有味，浅语皆有致’，建筑无多，山石有限，其奴役风月，左右游人，若非造园家‘匠心’独到，不克臻此。”

匾额与题记是文学与园林艺术相结合的一个体现。园林匾额能把握住园景之意境精髓，既能愉情又能励志，加上品题来源所包含的前代轶事，极大地增强了私家园林的故事性、趣味性和文化性，实现了园林欣赏者之间跨时空的交流，这也是许多园林得以留存的主要因素。私家园林题记中，相当多的题名内容丰富，蕴涵情志寄托，表达了作者的主观感受与能动性，可以很好地体现园主人与作者的心理状态。文人往往通过园林品题宣扬自我的学术思想、处事态度和人格精神。

匾额与题记的特点，一是适应景观特征；二是源自诗文；三是源自典故与神话传说、民间故事；四是体现题名者的人格期许。由于私家园林主人大多是接受儒家思想教育的正统知识分子，有浓厚的书卷气，经史子集信手拈来，而社会对文化的重视和士人待遇的提高，使社会上形成一种注重知识与文化的风气，因此在园林品题中就能看出这些文人的学养。

三、四时美景之雅

对于雅致的追求是私家园林所特有的。雅是我国传统美学的一个概念，主要是指简洁淡泊、风韵清新。表现在园林上，既有色彩上的朴素大方，又有布局上的平淡天真，更体现在材料上的质朴之美。对于雅致的追求，既体现在庭园外部的造型，也体现在室内的陈设物件上。从内到外，雅致无处不在。

在私家园林中，雅致体现在注重表现四时的不同景观。四时是造物主的恩赐，是自然的体现，在园林中感受四时、娱乐宴游是儒家“天人感应”和“与万物齐”思想的要求。文人在园林这样一个相对独立的小天地里，思考万物规律，实现人格的完善。对四时景物的描写最早源自《诗经·豳风·七月》，其后不断有文人描摹，到宋代范成大的《四时田园杂兴》组诗将宋人对四时的感悟发挥到极致。我国的农业文明历史悠久，自古以来，上自皇族下至黎民，都极其重视农业这一经济命脉，因此，人民就尤其重视与农业生产密切相关的四时变化，试图掌握一些规律来指导农业生产，在这一过程中，又逐渐将四时纳入了艺术审美的范畴，在诗歌、书画等艺术作品中描写四时之美。四时不仅仅是节气、气候变化，更是文人们探究自然、发现自然奥秘的端口，也是文人练就坚守本心、不为外物所动的品质的依托。

园林是经济效益与艺术欣赏的综合体，对园林中四时的关注，既是源于对园林作物经济效益的重视，又是出于艺术审美的需求。园主或游赏者能够在园景的四时变化中，向外发现自然，向内开拓内心。

除了四时景物的变化，私家园林营造者们还注意到了一日之间园景的朝暮晦明变化。何恪《西园记》中的“晴雨晦明，四时朝暮，变态不齐，所遇皆可乐”就是这样一种体现。此外，还有李石《合州苏氏北园记》中的“择景取胜，皆如人意”，将香雪、松柏、梅竹、春茶、秋橘四时的变化一一呈现，使人有“六气晦明，态度亦因之异”的主观感受。

四、可游可居

“可游可居”本来是山水画家郭熙在其理论著作《林泉高致集》中提出，

用以品评山水画的一个概念。他认为山水画"可行可望不如可游可居",那些能让人"走进去"游览、居住的山水画作品才是值得称道的名作。用在园林营造上,可游可居既是对使用价值的看重,也是对自然之美的追求。能够生活于山水画的美景之中,可以说是文人骚客们最大的快乐。

与皇家园林集政事、居处、游乐三位于一体的造园目的不同,私家园林的功能主要是满足官僚、文人和富商大贾的生活享受。而且,即使就游乐而言,两者的意境也决然不同。皇家园林的意境在寄情山林的同时,"移天缩地于君怀",以满足帝王大一统的思想,或朱柱碧瓦,以显示皇家的气派;或一池三岛,以沉醉于海外仙山的幻想。而私家园林则旨在创造一种暗香盈袖、月色空庭的闲适安宁,暗示山林隐逸的意趣,体现远离尘嚣的追求。

私家园林的园主,往往有数代同堂和众多的仆人,所以园中常设有大量厅堂、书房、戏台、居住庭院、仆役用房等。实际上,园林是宅第府邸的扩大和延伸,平日有许多活动如宴客聚友、读书作画、听戏观剧、亲友小住等,都在园中进行。当然,作为园林,最重要的还在于有一个风景优美的环境,使之既有方便的物质生活,又有幽静雅致的山林景色。但是,它们的面积一般都不是很大,小的一亩半亩,中等的十来亩,大的几十亩。在有限的空间范围内创造出曲折迂回、景物多变的环境,既要满足各项功能的要求,又要富于自然的意趣,其难度显然比皇家园林大得多。正因为如此,其艺术的境界,也要比皇家园林高得多。

五、个性鲜明

由于古代文人一般具有较高的审美修养,他们所造之园往往是个人追求的体现,有着极强的个人特色。每一块山石、每一丛花草都是从他们的个人喜好中来的,所以私家园林各有千秋。有的景物苍古,有的以水造势,有的朴素开朗,有的玲珑幽静……可见古代文人雅士所创造的园林也如他们笔下的诗文绘画一样,注重个人风格的塑造与个人感情的抒发。

因此,文人在造园和赏园中特别讲究"构园无格""因地制宜""因人而异”,强调“人”与“园”的亲和关系。私家园林完全没有禁欲主义的意味,不仅不偏废,反而充分肯定园林的世俗实用功能,并结合“自然”“和谐”的最高艺术原则,强化园林“美善统一”“雅俗共赏”“具体而微”“可游可居”等特征。总体来说,私家园林清雅而宜人,以人的生活为本:亭台可供休憩,池泉、花木可赏玩;园径虽则曲折幽深,却用卵石、砖块铺设得平整而美观,仿佛随时都在期待游赏者漫步其中。曲径通幽、移步换景,都旨在鼓励人们进入美好的园林空间,身临其境地感受园林的诗情画意。私家园林的建筑既美观又实用,园林的每一个角落因人的活动而获得意义。

第三节　名园欣赏

中国私家园林中具有代表性的有很多，江南地区又是私家园林的重镇，因此，本书选择的例子除了北京可园之外，绝大多数分布于江南地区，它们分别是苏州拙政园、苏州留园、上海豫园、扬州个园和无锡寄畅园。

一、苏州拙政园

拙政园始建于1510年，明正德年间，御史王献臣官场失意，在大弘寺废址上营建拙政园，名字取自晋代潘岳《闲居赋》，意指自己告老还乡，闲居苏州。在王献臣死后，其子将这座园子输给了徐家，并被徐氏"以己意增损，而失其真"，对其间的景致多有改动。明末清初，钱谦益在原址基础上修建曲房，安置名妓柳如是。康熙初年，吴三桂之女婿王永宁据有此园，他大肆改变旧园的面貌，叠造假山，大致构成了今天拙政园的面貌。

全园面积5.2万平方米，分为东、中、西三部分。三部分各有特色：中部水景，东园开阔，西园幽深。拙政园的中部景区面积在1.3万平方米左右，是全园的精华所在。该区域的主要建筑是远香堂，在明代若墅堂的位置上修建而成。堂北面有一个平台，平台旁边是一长条形开阔水域，以东西向展开。堂前主山又有东、西两座，其中以西山为主，两山均以土为主，配合有叠石，显得很有层次感。主堂之南有一处小型山石，经过山后的小池塘又能回到主堂，堂前有花坛古井，老树葱郁。远香堂东面的小山上有一个绣绮亭，出自杜甫诗句"绮绣相辗转，琳琅愈青荧"。枇杷园和海棠春坞是中部的园中园。枇杷园内种植了很多枇杷树，春夏之交，果香满园。海棠春坞在枇杷园以北，园中种植海棠、翠竹，春花烂漫，景色十分迷人。小飞虹和小沧浪是拙政园水景的杰作，与东侧院的水景相得益彰。小飞虹是苏州唯一的廊桥，名称取自南朝鲍照诗句"飞虹眺秦河，泛雾弄轻弦"。小沧浪是位于南侧水面上的三间小阁，从此地北望，层次丰富。

西部园区8000多平方米，以池南的三十六鸳鸯馆为主堂。该馆造型别致，平面为方形，中间用挂落分为南北鸳鸯厅，四角又有暖阁可用作宴客、演戏时化妆之所，鸳鸯馆带四暖阁的形制在全国范围内也属孤例。主堂北面所对的池面分别向东北、西南延伸。池北有假山，假山旁靠近水池位置建有亭阁。后方坡顶位置建有笠亭，为圆形尖顶小亭。主池面以西为留听阁，取自李商隐诗句“留得枯荷听雨声”的诗句。该阁造型方正，南侧露台呈船头的形态，造型取自船舫。主堂东面有一叠石山，山上有宜两亭，名称取自白居易“绿杨宜作两家春”，站在此处可看到东部优美的远景。

园东部是在1952年与其他两园合并的，面积约2.8万平方米。这里本来是明朝万历年间刑部侍郎王新一修建的归田园居，后由王氏子孙世代传承，在50年代初作为拙政园东园与其他两部分合并后，得到大规模改造，已非原貌。东部入口为兰雪堂，堂名取自李白诗“独立天地间，清风洒兰雪”。芙蓉榭位于兰雪堂东北处，池中有水芙蓉。秫香馆是东园最大建筑，名字是高粱飘香的意思，可以想见当年园外的田园风光清新动人。东部中心为水池，池中有岛，岛上用太湖石筑山，山顶的亭子可以远眺湖景、山景，故取名放眼亭。

拙政园位于苏州这个江南园林重镇，也是江南古典园林的代表。拙政园自建园后，一直受到文人追捧，当代学者将其奉为苏州园林之首。拙政园的建筑与景致相得益彰，布局疏密结合，整个园区幽深与开阔同在，层次丰富，实乃江南私家园林甚至中国古典园林的典范。

拙政园山青池广，竹木掩映，建筑得宜，风格隽雅而疏朗，是明清江南文人私家园林的典型代表。中部是拙政园的精华所在，留有许多著名景点，这部分的景色以自然的山池风光为主调。中部主要景点如梧竹幽居、见山楼、绿漪亭、香洲、南轩、远香堂等均面水而立，造型多样别致，再联络以各式游廊曲桥，使得这一部分景色真正做到了“隐现无穷之态，招摇不尽之春”。西部也是以水池为中心，廊壁墙上开有各式花窗，循廊漫步，中部景色若隐若现，是江南园林游廊中的佳作。与中部相比，西部建筑较密，装饰华丽，景色基本保留了晚清补园时的风貌，是拙政园中别有洞天之所在。

1961年3月4日，国务院颁布的第一批全国重点文物保护单位名单中，属于园林的有四处：拙政园、颐和园、避暑山庄、留园，其中拙政园和留园属于私家园林。拙政园被誉为吴中名园之冠，布局以“毫发无遗憾”著称。拙政园之所以有这么高的知名度，其一是因为它是江南古典园林中的佳作，其布局设计、建筑造型、书画雕塑、花木园艺等方面都有独到之处，被誉为“天下园林之母”；其二是因为它是数百年来苏州风云变幻、地方盛衰、文苑风流的一个侧影。

图 3.1 拙政园

二、苏州留园

留园建于明万历二十一年(1593年),时任太仆寺少卿徐泰时罢官后修建东园,与王献臣建拙政园的心态类似。当时园内种植了牡丹、芍药等花卉,还请造园家周秉忠堆叠了假山 。乾隆五十九年(1794年),刘恕在旧址上增地扩建,经过五年时间修葺完成,因园中多白皮松,故取名寒碧山庄,当时虽不叫留园,但奠定了今天留园的大致形制。因主人姓刘,民间俗称刘园,后改名留园。留园占地约2万平方米,其中中部山水、东部庭院、北部田园、西部山林四大景区各有特色,园区间以走廊作为连接,互相渗透。

园林艺术的时空变化与持续,在苏州园林中发挥得淋漓尽致。其中,虚实、高低、明暗、动静等处理的佳例,可没有谁能超过留园了。留园的入口是一扇古朴典雅的大门,从入口步入庭院,采用了"欲扬先抑"的手法。从园门进入,需经过一系列曲折小院和几段曲折幽深的空间才能窥见园中景色。映入眼帘的是那美丽的漏窗,使窗外景物若隐若现,时藏时露,光影迷离,经过漫长通道而产生的单调沉闷的感觉,一下就荡然无存了。这一入口空间的安排足以体现造园者的巧思,只有远离喧嚣,才能得到心灵的净化。只有通过幽深的走廊,才能获得独特的审美体验。园林中部的造型以水为主,环以山石楼阁。这一区域的主厅名为涵碧山房,厅的北面有一广阔的平台临池而建,在平台上可以观看山景。厅东侧建有明瑟楼,登上此楼,可以观看水景与船舫。主池山景以黄石为主,雄浑壮观。池中小岛名为小蓬莱,小岛由两侧的曲桥与岸连通,曲桥上搭有紫藤花架。小岛东侧建有濠濮亭,东侧有清风池馆,在小岛可观赏池边美景、池中睡莲,夜晚时分,景色更妙。主池东南建有曲溪楼,楼旁轩阁林立,站在阁内可以欣赏湖中美景,站在湖边又能观察轩阁精妙。这些建筑有高有低,层次错落,堪称经典。

东部的几处庭院也是值得细细品味的地方。从轩馆进入五峰仙馆,视野顿时开阔,楠木装饰的大厅,华丽精致,被称为“江南第一厅堂”。假山造型在前后院皆可得见,堂前假山仍可看出十二生肖容貌。五峰仙馆东面有林泉耆硕之馆,该馆分为两个鸳鸯厅,装饰极为精致华丽。两个建筑之间是一系列天井小院,其中以石林小院最为精彩。花卉草木布置得宜,走廊围栏造型有趣,游人穿插其间,顿觉妙趣横生。林泉耆硕之馆北侧有一平台,正对太湖名石冠云峰主景,瑞云、岫云两峰侧立两侧。“冠云”两字取自郦道元《水经注》“燕王仙台有三峰,甚为峻岭,腾云冠峰,高霞翼岭”。冠云峰周围的景致都以它命名,如浣云沼、冠云台、冠云亭、伫云庵、冠云楼。足以见得冠云峰在此园的主体地位。冠云峰庭院以西有“佳晴喜雨快雪之亭”,装修精巧。

西部园区以山林野趣为主,黄石与枫叶颜色相得益彰,秋色宜人。作为全园最高处,此区原有三亭可以观景,现仅存舒啸、至乐二亭。南部新修草坪已与原有景致大为不同。

留园几代园主都爱好搜罗奇石,徐泰时曾为留园搜罗到花岗石瑞云峰;刘恕任园主时,园中共有奇石十二峰,康熙年间又搜得冠云峰。留园的空间曲折丰富,景致层次变化多端,由于清代的休整得到保留,所以总体来说体现了晚清时期苏州私家园林的突出成就。

留园综合了江南造园艺术,尤以建筑庭院划分与组合园林空间见长,全园经历多次兴废扩建。中部是全园的山水主景,山水布局自然,建筑造型奇美。坦荡的水池位于中央,山上有小涧,池中置小岛,形成池水之“源”,又聚分相宜,使水景生动有致。水池西北岸山丘起伏,古木参天,花木茂盛,小巧亭轩隐约可见。东南方多建筑,房厅楼阁,高下进退依水而建,倒影清晰明丽。主要景点有华步小筑、绿荫轩、明瑟楼、涵碧山房、可亭、小蓬莱、曲溪楼、清风池馆、远翠阁等。楠木大厅“五峰仙馆”规模宏大,陈设讲究。北部柳暗花明“又一村”呈现农家田园风光,有葡萄棚架、梅花丛林、盆景花圃,栽培提供万堂室内摆设的四季盆花,又展示古雅、自然、清秀的苏州树桩盆景。西部山林,富有野趣,黄石泡叠土山,山势高耸,石径盘旋,枫树成林,秋色宜人。

留园集住宅、祠堂、家庵、园林于一身，以建筑变化多样，奇石众多，且与亭台、古木等配置得宜而著称。该园以建筑结构见长，善于运用大小、曲直、明暗、高低、收放等，吸取四周景色，形成一组组层次丰富、错落有致的，有节奏、有色彩、有对比的空间体系。各个部分布局紧密，利用建筑群对各景点进行隔断，同时又通过窗棂将景物相连，并建造曲廊连接全园各部分。全园曲廊贯穿，依势曲折，通幽渡壑，长达六七百米。留园最著名的是假山奇石之多姿多彩。它的三任主要主人徐泰时、刘恕和盛康都是好石之士，这是园中多奇石且极富观赏价值的主要原因。

三、北京可园

可园位于北京东城区帽儿胡同，是清代大学士文煜的宅院。文煜曾任山东巡抚、直隶总督、福州将军、刑部尚书、总管内务府大臣，光绪年间被封为武英殿大学士。可园建于1886年，当时文煜担任直隶总督，建园过程被他的侄儿写了一篇《可园记》刻于石碑上，保留至今。民国初年，此园被卖给北洋军阀冯国璋。新中国成立后，此园曾作为朝鲜驻华大使馆。

可园面积约3000平方米，与江南大型私家园林相比较为精巧，与东莞可园和苏州可园相比，面积相当但风格迥异。北京可园中规中矩，带有富贵之气；东莞可园将借景运用得出神入化，朴素古拙；苏州可园山水相依，透露出江南所独有的灵秀之美。

北京可园分为前后两园，前园以水池为中心，后园以假山为中心，通过长廊将前后两园连为一体。从东南的门入内，首先映入眼帘的就是横亘东西的假山。这一布置有效地起到了隔离视线与空间的功效，假山中间有山洞，游人可以在洞穴间穿梭。前园中央是曲折的池塘，池塘自北向南，一直穿过假山，流到一座六角亭下。正厅建于南院北侧，有五间房屋，带耳房和游廊，是当年主人宴客之所，厅前有日晷、湖石。院南有一座方亭，院北为三间敞轩。前后院交界处有一座平面为半个八角形的亭子。后院中部叠有大型湖石假山，山洞位于假山中部。前园的假山，高约3米，正对厅堂。山之东端，建有六角亭以添山势，山之北面东端则做成“谷”，池水由谷引出，山水得以结合，假山上植满榆、槐，浓荫蔽目，使山林意境大大增加。

后园相对于前园而言更为精致玲珑，北侧正房是一座五开间建筑，前面三间屋子左右带耳房、游廊。东部建有高台，台上有一大型轩馆，可鸟瞰园景。

可园中路庭园分前后两进。原东西两边都有游廊与左右相通，现西游廊已有部分拆除，东游廊保存完整，但不能通往东院了。房东边与游廊相接，游廊依山势由高渐低直抵后园。前园疏朗，后园幽曲，建筑物小巧多姿，在不足3000平方米的园内，有凉亭、水榭、暖阁、假山、走廊、拱桥、清池、怪石、花木、翠竹，布置精巧，错落有致。

东部游廊长80米，连接各处亭园，从南向北依次有攒尖亭、三开间山顶敞榭、八角攒尖亭、假山上山顶轩馆。整个游廊在各个亭园间穿插，高低错落，起伏有致。园区色彩较为雅致，青砖白瓦尽显朴素之美。园中植物多为松树，并有竹子、槐树、桑树、丁香等植物。

可园的营造体现了“小中见大”的特点，园林与宅院的关系显得更加亲切自然。在相对狭小的空间之内把山、水、树、石、桥、路融为一体，营造了一种别具匠心的美感。

可园全园布局以建筑为主，山水为辅，以树木为点缀。园分二进，主体建筑座落在中轴线上，将园分为前后两部分。园虽有轴线处理，但两侧建筑却突破了对称的排列格局，加上池水曲折，使园路曲径通幽。园内在布局上，尽量用建筑、假山、溪池分割庭院，减少南北狭长之感，丰富了空间层次的变化。前园开阔疏朗，后部幽深曲折，前后两部以边廊环绕，将两部分联为一体。园西建筑多高大但数量少，园东则小巧而数量多，且建筑形式多变，高低错落。可园的所有阁、廊、亭、榭等建筑，均有精心雕刻的松、竹、梅等图画，使之更加精巧、古典、文雅。

可园的一山一水，都小巧玲珑，精细雅致，充分体现了私家园林的特征，它是迄今为止北京保存得最为完整的私家园林，与江南的写意山水园林有异曲同工之妙。

四、上海豫园

豫园建于明嘉靖三十八年（1559年）的松江府，即今天的上海。造园者是当时刑部尚书潘恩之子潘允端，造园之初并未形成规模，等到二十年后潘允端退归故里之后才大力兴建。当时的人们将这座园子与王世贞的弇山园相提并论，评价两园“百里相望，为东南名园冠”。明末以后，此园被分割变卖，渐渐失去了往日形制。乾隆二十五年（1760年），上海士绅集资购得豫园余地，作为城隍庙的扩充，改成西园，经过二十年的扩建，大体奠定了今天豫园的格局。1842年，英军入侵上海，对园区大肆破坏、劫掠，一代名园风光不再。新中国成立以后，豫园得到逐步修缮，陈从周先生在修复过程中起到了巨大的作用。

豫园面积约2万平方米,大致可分假山景区、万花楼景区、点春堂景区、会景楼景区、玉玲珑景区五个景区。

豫园西部是假山景区,假山由万历年间叠山名师张南阳所叠,在江南园林中实属有名,可谓现存江南园林中最大、最完整的黄石山。假山高约13米,奇峰挺秀,洞谷幽深。假山前有一池塘,后边有萃秀堂,与假山相得益彰。假山上有二亭,一亭名为挹秀亭,位于山腰;一亭名为望江亭,位于山巅,此处是远眺浦江美景之妙所。南侧一楼,上为卷雨楼,下为仰山堂,是山景的主要观赏点所在。从这里可以看到山体的主要部分,也能细观山之层次、起伏、肌理。在仰山堂南边,还有一座体量很大的三穗堂,该堂为全园主景,明代时候被称为乐寿堂,清代重建,此处水景视野极佳。三穗堂是豫园的主要建筑之一,取名三穗,寓有吉祥之意。在清代曾是上海地区政治经济活动中心,文人士绅在这儿庆贺圣典。堂内陈设的家具是名贵的清代红木家具。

万花楼景区前面是三间轩阁围成的水院,此处深静小流与西侧的雄伟假山、开朗的水池形成鲜明对比,利用复廊联系,水榭过渡、漏窗分隔,层次极为丰富。

点春堂景区位于万花楼以东,堂东南有湖石小山抱云岩,石洞上建有双层高阁。堂前打唱台临池而建,池南为和煦堂,前有山石林木,东有幽静小院静怡轩。会景楼景区位于点春堂西南,与九狮轩构成该景区的主要部分,馆前水面宽广,树林葱郁。会景楼以南是玉玲珑景区,玉玲珑是著名太湖石,位于"玉华堂"南边,是现存江南湖石峰之中稀有之物。

豫园历经沧桑,数次改造让它的面目已非原貌,它由私园改成庙园,由大园分解为小园,由文人雅士转入商贾之手。即便如此,豫园仍然是一座经典的私家园林,园中所存明代黄石假山异常珍贵,玉玲珑石峰熠熠生辉。园中水石巧思,空间之趣值得称道。豫园还加入了近年维修中的创作,陈从周先生的创作让这座古典名园别添胜景。豫园的造园艺术特点,集中体现在园林空间虚实对比的处理手法上。游人一进园,左顾右盼,景物彼此衬托,充满情趣,顿觉空间扩大、层次加多。

豫园作为中国传统文化的载体,从建园时即和书画结缘。明代著名书画家王稚登、董其昌、王世贞、莫是龙等就曾在豫园赋诗题额、挥毫作画。宣统元年(1909年),高邕、杨逸、钱慧安、吴昌硕、王一亭等在得月楼发起的"豫园书画善会"成了海上画派的滥觞。经过多年积累,豫园现珍藏书画、家具、陶瓷等珍贵文物数千件。

豫园因其鲜明的民族风格而享誉世界,修复开放近40年来接待了包括伊丽莎白二世、克林顿、赫尔佐克、村山富市、卡斯特罗等贵在内的1亿多中外游客。散布于豫园的许多砖雕、石雕、泥塑、木刻，不仅历史悠久，而且十分精致。《神仙图》《八仙过海》《广寒宫》《郭子仪上寿图》《梅妻鹤子》《上京赶考》《连中三元》等极具文物价值和观赏价值。

图3.2　豫园

五、扬州个园

个园位于扬州。扬州虽位于长江以北，但其与苏南的联系尤为密切，扬州的造园活动也是江南园林的重要组成部分。扬州园林的高峰期在清中期，19世纪后，则以私家宅院的营造为主，其中最负盛名的是个园。个园位于扬州新城的东关街北侧，这一带盐商豪宅聚集。个园始建于明代，当时的名称是寿芝园。清嘉庆二十三年（1818年），两淮盐总业商黄应泰在此园基础上大加整改，奠定今日个园面貌。园主对竹子的喜爱让这座园子也被竹子包围，因画竹时是用“个”字书写的，所以此园得名为个园。

个园占地约6000平方米，遵循前宅后院的传统形式。园门左右各有一个花坛，竹林并置其间，墙上月洞门题有匾额“个园”，在竹林的映衬之下，园名与园中景色的关系昭然若揭。绕过小型假山叠石，来到了正厅宜雨轩，这里因南边花丛植有桂花，又被称为桂花厅。厅北有水池，水池四周是园林的主景所在。池东面有一座六角小亭，名为清漪。东假山南边有一小楼，名为住秋阁，上下皆可通山。

园中最为人称道的是四季假山——春山、夏山、秋山、冬山。春山位于园门前的花台之上，是用石笋与竹林比肩而成，表达春天的生机勃勃、昂扬向上的姿态。

夏山在北楼之西，置于碧绿池水之中。假山主体部分有一个山洞，游人可以从下面的小桥进入洞内，夏日时节，此处实乃纳凉佳所。秋山是黄石假山，位于东部，是园中主山，体量也是最大的。假山面向西边，夕阳西下时分，晚霞洒在黄石之上，呈现出一番艳丽无比的美景，气势磅礴。冬山位于秋山不远处，是白色石头叠成，假山面向北边，白色石头造型浑圆，犹如冬日白雪。石边的墙上有圆形孔洞，可以从冬山窥见春山石笋，寓意“冬去春来”。四季假山体现了造园者的审美意趣，在固化的时空中同时欣赏四季之景，这种诗意的构思在私家园林中也属难得。“扬园以个园胜，个园以叠石胜”，四季假山是扬州最具地方特色的一景。假山规模宏大，最为突出的是壁岩，手法自然逼真，空间层次丰富，高峻雄厚，婀娜多姿，是取法自然的佳作。

除了四季假山之外，抱山楼的营造也极有特色。抱山楼体型巨大，位于夏山之旁，连接两侧大假山，直逼水面。这一构造方式方便了人们的游览，为整个园景提供了极为有利的观赏位置。但另一方面，此楼过于庞大的体积且离山水过近，造成了空间上的压迫感，从与环境协调的角度而言是有争议的。

个园虽不大，但处处体现出造园者的匠心。值得一提的是个园的叠石艺术，采用分峰用石的手法，运用不同石料堆叠成春、夏、秋、冬四景。四季假山各具特色，表达出“春山淡冶而如笑，夏山苍翠而如滴，秋山明净而如妆，冬山惨淡而如睡”和“春山宜游，夏山宜看，秋山宜登，冬山宜居”的诗情画意。园林艺术是人们追求美的户外空间，个园设计者将四季假山设置在一园之中，人们可以随时感受四时美景，并周而复始，颇具“壶天自春”之意。这种独特的艺术手法在我国传统园林中是极为少见的。

园主人按照主要游览路线，顺时针方向布置了春、夏、秋、冬四处假山石景，立意新颖，用材精细，配景融洽，结构严密。在这些以假山为主题的风景序列中，时令特征是创作的命题，春山是起始部，夏山是展开部，秋山是高潮，冬山是尾声，就像音乐的创作或写文章那样，有着严密的章法。游园一周，如经历春、夏、秋、冬四季。园内还有宜雨轩、抱山楼、拂云亭、住秋阁、漏风透月轩等古建筑。四季假山在这些楼台亭阁的映衬下，加上古树名木点缀其间，更显古朴典雅，幽深雄奇。景石四标准“皱、瘦、透、漏”似乎已成定论，这不过是一般的叠石技巧，像个园这样分峰造石，构成四季假山，游园一周，似游一年，足见构园者的不同殊俗；更可贵者，这春、夏、秋、冬都不是孤立的个体，而是浑然天成。冬景虽给人以积雪未消的凛冽之感，但靠春景的西墙却开了两个圆形的漏窗，只见枝枝翠竹过墙来，又产生“严冬过尽绽春蕾”的深远意境，整个园景犹如一幅构制巨大的画卷，构成和谐的美。

个园旨趣新颖，结构严密，四季假山是中国园林的孤例，也是扬州最负盛名的园景之一。园主人对竹子的喜爱，让这个私人园林带有独特的审美意趣。

六、无锡寄畅园

无锡的造园活动在明清时也较为活跃，寄畅园是唯一保存完好的与真山水结合的园林。寄畅园位于无锡西郊，明嘉靖六年（1527年），三朝太保、五部尚书秦金回乡后在惠山寺基础上改建成别业，取名凤谷山庄。建园之后，秦氏后人有三次较大规模的改建。第一次是嘉靖三十九年（1560年），秦瀚、秦梁父子在园中开碧山吟社，秦瀚仿白居易《池上篇》进行改筑，建亭设桥，水景更为丰富。第二次是明万历年间，秦燿被罢官，将抑郁之情寄于山水之间，对家园进行全面改造，更名为“寄畅园”。第三次是在清康熙六年到七年（1667年—1668年），秦德藻、秦松龄父子将分裂的寄畅园合并，聘请造园名家改筑，在原貌基础上对山水、建筑进行了大规模改造，奠定了寄畅园的基本格局。秦松龄交友甚广，因此有许多文人墨客曾到寄畅园观赏，并留下了大量欣赏诗文。咸丰年间的太平天国战役让寄畅园受到严重破坏，1952年秦氏后裔将此园献给国家。

寄畅园占地约1万平方米，山、池就占了一大部分，山、池主景也最为人称道。狭长形的水池名为锦汇漪，池西南是葱郁的树林，东、北则是包裹其间的建筑。整体格局极好地利用了寄畅园的地理优势，山、水、建筑相得益彰。

昔日园林入口在东侧的惠山横街，入园后即可看见湖光山色。改筑后的园门由于过于靠近主景区，损失了一点若隐若现之美。今日主要从南侧入园，有效地规避了这一问题。入口即为一组庭园，其中秉礼堂制作尤为精美，是清初旧制。秉礼堂小院以北，穿过古屋附近的桂花树林，就来到了九狮台。九狮台是一座大型假山，整座假山看上去像九只巨大的雄狮。据说这是根据元代无锡大画家倪云林的《九狮图》画稿堆砌而成的。整个造型呈现山石舞动之势。九狮台模拟的是动物的造型，这种叠山方式不同于张南垣提倡的“真山”，但也呈现出拟真象形的美感。狮首是全园最高点，整个园林一览无余。继续往东行，可看见一座3米多高的湖石，倚墙而立，像一位淑女在方池前以水为镜，梳理发妆，所以人们都叫它“美人石”。石前这个长方形的池塘，叫镜池。石前的御碑亭里有乾隆的御笔。乾隆来此游览时，认为此石巍然昂首，有大丈夫气魄，将它改名为“介如峰”。

位于寄畅园西北处的八音涧是张南垣的叠山之作，这是山水结合的一个典范。八音涧以黄石堆叠，长30余米，西高东低。此涧是根据晋代左思“何必丝与竹，山水有清音”的诗句而命名的。八音涧用黄石堆砌而成，上面种古树，下面清泉流淌，涧水引自“二泉”水，人行其中如行幽谷中。八音涧边假山群中的古树，都是有两三百年树龄的古樟，它们枝繁叶茂，最大的直径有4米。游人步行其中，犹如进入深山幽谷，惠山泉水从园外通过暗渠进入园内，汇于小池之中。水流其间，叮当作响，别有一番意趣。

寄畅园山水魅力的呈现，与其观赏场所也是分不开的。知鱼槛、郁盘、涵碧亭等亭子以走廊相连，曲曲折折。游人行走其间，能够对此园的山水美景进行动态的欣赏。

寄畅园属于山麓别墅类型的园林，布局得当，妙趣自然，体现了山林野趣、清幽古朴的园林风貌，具有浓郁的自然山林景色。巧妙的借景，高超的叠石，精美的山水，洗练的建筑，使其在江南园林中别具一格。寄畅园长于借景，它西靠惠山，东南是锡山，园林总体布局抓住这个优越的自然条件，以水面为中心，南、北为假山接惠山余脉，势若相连。东为亭榭曲廊，相互对映。虽然园的面积不大，但近以惠山为背景，远以东南方锡山龙光塔为借景。山外山，楼外楼，空间序列无穷尽。园内池水、假山就是引惠山的泉水和开采山中的黄石做成，是惠山的自然延伸，天衣无缝，这更是得天独厚。所以，此园在借景、选址上都相当成功，处理简洁而效果丰富，水平甚高。山峦叠嶂，湖光塔影，体现出“虽由人作，宛自天开”的绝妙境界。

寄畅园占地不多，由于有了明确的规划，对造山、叠石、水池的形态、建筑及细部都做了精心处理，因而创造出富有特色的诸多景观，尤其是它以浓重的山水与疏落有致的建筑组成的山林环境，完全继承了唐宋以来的文人园林风格，成为现存明清园林中的上品。

第四章　寺庙园林

第一节　概述

长期以来，人们总是习惯地把皇家园林和私家园林列为中国传统园林的两大组成部分，而忽略了另一个分支——寺庙园林。没有把它纳入中国园林艺术的范畴，这是极大的偏颇。事实上，在中国园林家族中，寺庙园林是一个很庞大的分支。从选址上来讲，寺庙园林突破了皇家园林和私家园林在分布上的局限，宋代赵抃有诗曰："可惜湖山天下好，十分风景属僧家。"正是说的寺庙园林广布于自然环境优美的名山胜地，可谓"天下名胜寺占多"。从数量上讲，寺庙园林比私家园林和皇家园林的总和还多几百倍；从自身优势上讲，寺庙园林是人工景观与天然景色的高度融合，也是外部园林环境与内部园林特色的有机结合，集独特的人文景观和优美的自然景色于一体，这是皇家园林与私家园林所望尘莫及的。

寺庙园林，狭义上仅有方寸之地，广义上则是泛指整个宗教圣地，可以包括寺庙周围的自然环境，是天然景观、人工山水、宗教建筑的综合体。一些影响较大的寺庙园林，都是历经多年的持续开发，在漫长的历史发展过程中不断扩大规模、美化景色，蕴涵着丰富的人文历史，记录着宗教发展痕迹，饱蘸了历代文人笔墨，最终积淀了丰厚的历史文化价值。

进入21世纪的中国，经济快速发展，社会文化不断进步，旅游业也日益繁荣。在这样的历史背景下，曾经被人们忽视、冷落的寺庙园林，因其旅游特色和艺术景观逐渐被人们所重视。寺庙园林在选址、建筑布局、布景手法、空间安排、自然与建筑的有机结合等方面，有一套极其丰富而独特的成功经验，取得了杰出的成就，为现代的园林艺术设计与创作提供了宝贵的借鉴资料。

一、寺庙园林的形成

魏晋南北朝时期，政权更迭频繁，战争连绵不断，社会处于长期的割据状态之下。正是在这种复杂、动荡的社会环境之中，伴随着佛教的传入和道教的兴起，寺庙园林这一新型的园林形式应运而生，并迅速发展兴盛起来。

两汉时期，洛阳和长安等地均已有佛教传入，但当时的人们并没有兴建专门的佛寺。直到汉明帝时期，佛教大规模传入，兴建佛寺开始成为潮流。

东汉初年，人们一般称佛教寺院为浮屠祠。它是模仿中国原有的宗庙祠堂而来，如汉献帝时笮融在徐州所建的浮屠祠。东汉末年，逐渐开始有以“寺”代“祠”的记载出现。西晋以后，“寺”的称呼才最终得以确立，不再使用“祠”这一称谓。佛寺的建筑格局也开始借鉴中国“祠庙”的宫殿建筑和形态，并结合印度的佛堂、佛塔、佛像、僧房等建筑，以佛塔为建筑中心，周围遍布僧房，中间留出庭院，这就是中国佛教寺院的雏形。

中国第一座形态完整的佛教寺院是建造于东汉永平十一年(68年)的白马寺，位于河南省洛阳市，距今已有1900多年的历史。北魏杨衒之的《洛阳伽蓝记》卷四记载：

白马寺，汉明帝所立也，佛入中国之始。寺在西阳门外三里御道南。帝梦金神，长丈六，项背日月光明，胡人号曰佛。遣使向西域求之，乃得经像焉。时以白马负经而来，因以为名。

洛阳是东汉的都城，为西域商贾、移民聚居之地，远自汉明帝永平年间就有佛教寺院的建立，桓、灵以来不但宫中有浮屠祠，城内也有佛寺译经的记载。从史料上所见到的记载看，洛阳是汉代翻译佛经之重镇。曹魏、西晋都相继建都于洛阳，遂使此地的佛寺冠于全国。西晋永嘉年间(307年—312年)，洛阳有寺四十二所。洛阳佛寺几乎占了全国佛寺的一半，而且有僧寺、尼寺、山寺的出现。当时所有的寺院都位于大的城市中，只有洛阳附近出现一所山林寺院。

从佛寺的地理分布来看，东汉初年由核心地区洛阳，扩展到彭城、下邳、许昌等近邻地区，到了三国时，沿着古水道系统到达南方的建业。西晋时，也以洛阳为中心发展到丝绸之路的必经之地长安、天水、敦煌等地。江南则以建业为核心，再传播到吴县等城市。吴都建业因北方南下的佛教和自交广(今广东、广西一带)北上的佛教会合在一起，所以绽开了佛教的文化之花。吴赤乌十年(247年)，康僧会建立茅屋小寺而奉佛行道之后，孙权因舍利的灵验，为其建立佛寺，取名为建初寺。这是江南的第一座佛寺。

南北朝时期，伴随着佛教的国教化，寺院的营建遍及我国南北各地，出家僧尼的数量也较以前急剧增加。据唐代僧人法琳《辩正论》所记，北魏太延四年（438年）仅有僧尼数千人，到北魏末年，佛寺已达3万处，僧尼200多万人；北周建德三年（574年），佛寺有4万处，僧尼300万人。

南北朝时不仅兴建了大量的寺院，还开凿了众多的石窟，现存的云冈石窟、龙门石窟均开凿于此时。可见当时佛教之盛。

随着佛教的广泛流传，产生了大量的寺院建筑。寺庙从一开始便与园林有着紧密联系。首先是帝王崇佛，将佛寺引入苑囿。由于苑囿原来就有祭神的功能，而秦汉之际又将神仙思想的影响化作“一池三岛”的苑囿格局，使其成为迎候神灵的地方，因而在佛教流行的时节，将寺院建到苑囿之中也就成了理所当然的事。《魏书·释老传》载：“高祖践位……建鹿野佛图于苑中之西山。”

其次是“舍宅为寺”。因种种原因，人们将世俗的住宅捐为寺院，原有的宅园也变为寺院的一个组成部分。如北魏在“河阴之变”中被杀的诸王，其家“多舍居宅，以施僧尼”。

第三是名士与高僧的相互影响。如《世说新语·栖逸》所记，康僧渊营构的精舍不仅是其研求佛法之处，也是与庾亮等名士聚谈玄理、游山赏景的地方。正是由于上述种种原因，寺庙园林也开始形成。

二、寺庙园林的类别

中国寺庙类型极其丰富。以宗教类别而言，我们可以按照宗教信仰的不同把它们分成祠庙、寺院、宫观、清真寺、教堂及其他类；以教宗而言，则可以按照宗教教义、教规的差异把某一类别的寺庙看成寺庙连续体。

在中国古代，宗教类别主要有上述的原始宗教、佛教、道教、伊斯兰教、基督教以及其他教派。由于这些宗教类别的存在，中国寺庙类型呈现出极其绚烂多彩的姿色。

(一)原始宗教——祠庙

中国原始宗教的寺庙一般称为祠庙。“祠”者,本为祭祀、祈祷之意,“求福曰祷,得求曰祠”。汉高祖刘邦曾问“秦时上帝祠何帝”,臣下对之四帝:“有白、青、黄、赤帝之祠。”高祖“乃立黑帝祠”,以凑而为五。由此可见,直至秦、汉之际,“祠”的内涵仍未发生质变。然而,汉武帝时,令天下“缮治宫观名山神祠所”。《后汉书·襄楷传》载襄楷奏称:“又闻宫中立黄老、浮屠之祠。”至于魏晋,常璩《华阳国志·大同志》载:王濬为益州刺史,“蜀中山川神祠皆种松柏,濬以为非礼,皆废坏烧除……又禁民作巫祀。于是蜀无淫祀之俗,教化大行”。作为祭祀祈祷的“祠”正式演变为原始宗教寺庙的代称。在早期的记载中,“祠”与“庙”的指向并无严格的区别,可以相互替换。及至后期,“祠”逐步成为鬼魂崇拜寺庙的专称,而“庙”则转而成为神灵崇拜寺庙的特指。当然,这里并非绝对,随着人的神化与神的人化,二者常是你我难分。

(二)佛教——寺院

佛教寺庙在印度称“僧伽蓝摩”,也称“僧伽蓝”,略称“僧伽”“伽蓝”。“僧伽”是僧众的意思,“蓝摩”是园的意思,合而称之即为“僧众共住的园林”,故梵汉并举又译作“僧园”“僧院”。僧伽又有“精舍”与“支提”之分。精舍初为讲道场所,后演化为僧众住所,立有塔像,中为殿堂,四周环置僧房。支提也称“招提”,因有舍利塔,也称舍利殿,一般多是依山开建。此外,印度佛教寺庙也称“阿兰若伽”,简称“阿兰若”“兰若”,原意为树林,意译为寂静处、空闲处、远离处。初指比丘修行处所,后亦成为佛寺的泛称。至于“梵刹”的意思,有两种解释:一种认为,“梵”的意思是清净,“刹”的意思是地方,连在一起即是“清净的地方”;另一种认为,佛寺前的幡杆称“刹”,“梵”指印度,合称即指来自印度的寺庙。

由于受到汉代官署名称的影响,中国汉传佛教寺庙一般称寺。鉴于梵文“佛”的音译为“浮屠”,早期也有仿照中国原始宗教寺庙的称呼称其浮屠祠者。两晋以后,随着佛经翻译的普遍,伽蓝、精舍、支提、兰若之类梵文称谓亦随之移传入,成为中国佛寺的一般名称。杨衒之在其《洛阳伽蓝记》中既有“于是昭提栉比”之称,也有“今之所录,上大伽蓝”之说,而以“寺”称最多,反映出此一时期佛寺名称的多样化。至隋,又称“道场”。唐太宗时,玄奘取经回国,政府特设翻经院于寺中,“院”逐渐成为继“寺”之后中国汉传佛教寺庙的又一泛称。唐时规定:佛教寺庙官赐额者为寺,私造者为招提、兰若。唐、宋而下,丛林制度兴起,《大智度论》卷三称:“僧伽,秦言众，多比丘一处和合，是名僧伽；譬如大树丛聚，是名为林。"众"者，丛也；"林"者，聚也。僧伽丛聚之所即寺院。受此影响，"僧林""禅林"之称并起，不可遍说。化于"梵刹"而来的则有"寺刹""僧刹""宝刹"种种。尽管如此，"寺院"一直是中国佛教寺庙最为常见的称名。

（三）道教——宫观

中国道教寺庙起于张陵所设"二十四治"。"治"初为五斗米道的传教点，后来成为早期道士祀神传道之所，"置以土坛，戴以草屋"，遂成寺庙，"治馆之兴，始乎此也"。至张修时，复设静室，《三国志·张鲁传》注引《典略》称张修五斗米道"略与角同，加施静室"。道治与静室的区别在于一设师宅、一设民家，"民家曰靖，师家曰治"。至晋，巴蜀陈瑞道派的活动场所称为"传舍"，江东于君道派则称"精舍"，而北方帛家道仍以"治"称。葛洪《抱朴子·道意篇》称："（李）宽所奉道室，名之为庐。宽亦得瘟病，托言入庐斋戒，遂死于庐中。"而杜子恭道团，"遂立治静，广宣救护，莫不立验也"。这种寺庙名称的混乱，标志着早期静治制度的衰落，道馆制度代之而起。根据现有资料，道馆之设源于东晋丹阳许氏。《晋书·许迈传》载：道士许迈曾立精舍于悬雷山而往来于茅岭之洞室，"放绝世务，以寻仙馆"。《真诰》卷二十亦称：许翙"居方隅山洞方原馆中，常去来四平方台"。至宋，陆修静在庐山构筑辖庐，后改为简寂馆，门徒众多。宋明帝也曾为陆修静、孔灵产立崇虚馆于京师、怀仙馆于会稽。至于齐、梁，道馆已遍江南各地，尤以上清派所在的茅山一带最盛，乃至张天师后裔中也有人舍治居馆，做了馆主。北朝初为道坛，新天师道也称坛为寺。至其后期，受到南方的影响，道教活动场所也称为馆。齐文襄王高澄曾"置馆京师"礼接道士，文宣帝高洋度道诏书中则有"馆舍盈于山薮"之语。至于关中楼观道，则是典型的宫观道派。这样，大大小小的道馆便完全取代了五斗米道的静治，成为道教组织正式的活动场所。

汉武帝时，听信方士一睹神仙的讹传，令郡国各治道路，"缮治宫观名山神祠所，以望幸矣"。受此影响，馆亦称"观"，北周甄鸾《笑道论》云："臣年二十之时，好道术，就观学。先教臣《黄书》合气，三五七九，男女交接之道。"是知南北朝时已有"观"称。隋、唐以后，道馆改称为观，大型道观又别称"宫"，以应汉时旧称。道教宫观制度正式确立，并一直沿袭至今。

（四）伊斯兰教——清真寺

从苏烈曼的记载可知，唐代已有伊斯兰教寺庙兴建。《天正方学》载《旺各师墓志》称旺各师曾再三留住长安，“因敕建大清真寺”。但据学者考证，清真寺作为伊斯兰教的寺庙称谓，是从元末明初开始。恒逻斯战役中被俘的杜环在其《经行记》中将大食伊斯兰教寺庙称作“礼堂”，说：“大食有礼堂，容数万人，每七日王出礼拜，登高座，为众说法。”这是我国有关伊斯兰教寺庙的最早记载。《新唐书·大食传》沿用此称，方信孺在其《南海百咏》中称广州怀圣寺为“礼拜堂”，南宋岳珂《程史》在描述广州光塔时说“有堂焉，以祀名”，表明宋人仍然因袭唐名。至元，吴鉴给泉州伊斯兰教寺庙撰碑时称为“清净寺”，而西安有“清教寺”“清修寺”“礼拜院”，杭州有“真教寺”，南京有“净觉寺”，北京有“礼拜寺”“法明寺”“普寿寺”，怀宁有“清真堂”，等等。名称虽多，但除“礼拜”旧称而外，已经逐步向“清”“净”“真”诸称靠拢。到元末明初，伴随伊斯兰教称“清真教”，“清真寺”成为伊斯兰教寺庙的专称。

（五）基督教——教堂

唐初，传教士阿罗本来华，唐太宗在京师义宁坊建寺一所，名“大秦寺”，以其教出自大秦之故。天宝四年（745年），玄宗下诏：“波斯经教，出自大秦，传习而来，久行中国。爰初建寺，因以为名。将欲示人，必修其本。其两京波斯寺，宜改为大秦寺。天下诸府郡置者，亦准此。”在太宗、玄宗年间，基督教寺庙又以波斯寺称。据《大秦景教流行中国碑颂并序》，唐代基督教——准确地说叫景教——寺庙的名称以“景寺”最为常见。至基督教兴盛的元代，由于将景教与天主教统称为十字教，基督教寺庙多称为“十字寺”。与此同时，元代基督教寺庙还有各自正式称名，如薛里吉思在镇江兴建的六座寺庙分别名之大兴国寺、云山寺、聚明山寺、渎安寺、高安寺、甘泉寺。以教堂作为基督教寺庙的称谓起于明代。万历三十九年（1611年），意大利传教士王丰肃在南京建造寺庙，称为“圣堂”，后来逐渐成为各基督教寺庙的雅称。到了近代，教堂一称普遍成为中国基督教寺庙的俗名。

（六）其他教派

祆教传入中国以后，其寺庙或称胡祆祠，或称祆寺，也称沃神祠，但以“祆祠”一称最为普遍。杜佑《通典·职官典》注称：“武德四年，置祆祠及官。常有群胡奉祀，取火咒诅。”

大历三年(768年),唐朝政府准许回鹘在长安建摩尼教寺,“赐额大云光明之寺”。“大云光明寺”正式成为摩尼教寺庙的官称。大历六年(771年),回纥(鹘)即请于荆、扬、洪、越等州“置大云光明寺”。作为俗称,则以“摩尼寺”一名最为常见。会昌灭佛,“敕天下摩尼寺并废入官”,是其一例。

印度教寺庙称“婆罗门寺”,《唐大和尚东征传》:“天宝九年广州有婆罗门寺三所,并梵僧居住。”在泉州等地,也称“佛刹”“番佛寺”。

三、寺庙园林的布局方式

《园冶》云:“凡结林园,无分村廓,地偏为胜。”这是私家园林选址的要点,更是寺庙园林选址的要点。寺庙或据山而设,或置于山巅,或深入山坳,或隐入洞壑,或濒临江湖。“深山藏古寺”是我国寺庙园林的一大特点,往往采用“宜隐不宜露”的艺术处理手法。我国古代人民结合不同的自然环境,因地制宜,创造出各具地域特色的寺庙园林。

(一)山坳布局

地处山坳的寺庙,其地域特色是山深林静,山水兼备,环境幽邃,寺庙的布局取宁静清雅之利、层叠曲折之巧。其构景手法,常采用的有以下几种。

第一,周围有景可借,其布局巧用地形。在山坡高岗上,地势显露,周围山势连绵,背依层峦叠嶂。在这类坡上构景,以群山相衬,常能获取较深远的风景层次。昆明西山太华寺,建在山坡上,背依山崖,面向滇池,依山就势,利用山坡高下,分层设置观赏点,能从不同位置和角度反复饱览浩渺烟波、点点风帆的滇池风光。承德外八庙,多建于避暑山庄外自东到北的山坳里,随着山势的起伏变化,构成一组组金碧辉煌、错落有致的景观,众星拱月般围护着避暑山庄,两者互借其景。

第二,周围无景可借,其布局重在构筑近景。当山坳环境为壑谷林木掩蔽时,视域狭窄,无外景可借,“山水近望取其质”,布局重视近景的细部处理。如昆明西山华亭寺,隐藏在山坳丛林内,视野狭小,外借条件较差,故此处积水为潭,筑廊建亭,形成庭园式的近赏景观。

第三,周围景色清幽,其布局重在以幽取胜。四川青城山的寺庙建筑群,隐蔽在繁茂的山林中,藏而不露,保持了山间风景清静幽邃的气氛,达到以幽取胜的效果。北京香山的碧云寺,掩映在浓荫蔽日的山坡上,寺内园林环境着眼于清幽,被誉为"西山一径三百寺,惟有碧云称纤秾"。

(二)山巅布局

地处山巅的寺庙,其特色是高山峻岭,地势险要,具有高、险、幻的风景特征。所谓"高",即峰巅高拔,视野开阔,借景深度和广度皆佳,是周围环境的制高点,易构成优美的天际线,成为风景区的构图重心。所谓"险",即山尖峰顶,形势险峭,白云萦绕,瑰奇胜绝,易构成诱人景观。所谓"幻",即山高峰奇,云雾氤氲,地势和气象变幻万端,纳四季景色和早晚气象的变化(日出、口落、云海、冰雪等),常能形成其他地貌类型所少见的奇幻景观。寺庙的布局取高高在上之利、视野开阔之便,居高临下,使周围的自然景色与寺庙建筑组成一体,呈现出浓重的"神仙大界"的宗教气氛。从园林艺术的角度出发,这类寺庙充分利用这些地貌特征,构成了具有峰峦特色的园林景观。其常用的构景手法有以下几种:

第一,铤而走险,尽力强化其险。"无限风光在险峰",越高越险越有魅力。在关键的险绝之处构筑寺庙建筑,突出其险景,能取得极好的观景效果。如四川省江油县(现江油市)窦圌山上的云灵寺,寺后三峰矗立如圌,形若画屏,风光险绝。三峰高300余米。崖下峭壁如削,三峰惟有一峰可登,余下二峰皆以铁索勾连,以作交通,险上加险。峰顶小庙凌空欲飞,构成了以峰巅奇险为特征的寺庙景观。再如陕西省佳县香炉寺,位于黄河西岸,建于岸边绝壁峰顶上,滔滔黄河贴岸奔腾而过,在凌空的危峰尖上又建一小殿,以小桥飞连,令人望而股寒,构成险上加险的寺庙奇观。

第二,取势剪影,强调天际线。峰高巍然,天幕下剪影尤为显眼。"远山看势",实际是看山的剪影之势。在高低连绵的山峰顶上建筑连片寺庙建筑群,重视天际线的造型,取得峰巅寺庙景观的剪影远视效果。江苏镇江金山寺即为此类寺庙景观的佳例。金山为一孤峰,寺依山而建,重楼华宇,鳞次栉比,被誉为"寺包山",景色甚为壮观。金山塔峭立峰顶,插入云际,与殿宇楼阁组成了曲折高矗的天际线,在蓝天白云的衬托下,给人以强烈的美感,成为方圆数十里范围内的风景重心。

第三,敞向开阔地带,以外借其景。凡是峰上,外借景观条件较好,故经营庙宇建筑时,有意识地让出风景面,使建筑群外围向开阔地带展开,边沿布置观赏点,供人远眺,以借取山外景色为其目的。镇江甘露寺是此类景观构建的佳例。甘露寺建于北固山后峰上,山体虽不高大,但山壁陡峭,形势险固,濒临长江,气势雄伟,素有“天下第一江山”的美称,外借景观条件甚好。聪明的建筑师在这三面绝壁、一面临江的东西向狭长带状的峰巅上,因地制宜地创造出“寺镇山”的建筑,营造了眺望四周远景的审美环境。

(三)洞穴布局

隐于洞穴中的寺庙,其地域特色是层峦叠嶂,巨岳广洞,寺观的布局巧借地形之利,取得若隐若现之妙。由于洞穴为崖上地下的奇特的自然空间,视域最为狭窄,洞中幽暗清凉,与洞外景观形成强烈对比,具有奇诡神秘的特色,极易创造出宗教高深莫测的气氛。利用洞穴构成宗教景观,其关键在于解决洞穴与建筑群的关系。构景中常有计划地把洞穴空间纳入游览线中,成为整个宗教景观的有机组成部分。其构景方式大致有以下三种:

第一,以道路将洞穴与寺庙建筑连接起来。辽宁千山的罗汉洞,人工分为上下两层空间,游览道路穿过山洞,与西阁下的无量观相连,利用洞穴构景,创造出宗教的神秘气氛。

第二,插入过渡空间。由于洞穴离寺庙建筑较近,常用院墙相连,游人从建筑院落再进入洞中,空间上有变化和过渡,游览程序自然。杭州紫云洞,洞口周围以院墙形成,院落与寺庙相连。洞呈葫芦形,两端皆有出口,石隙漏出一块块天空,微光从中射入,洞中时明时暗,恍惚迷离。后洞深若厅堂,崖壁上凿出佛像,设坛供佛。

第三,与建筑空间贯通。洞穴较小,则将建筑直接贴建于崖壁,把洞穴空间与建筑空间直接贯通,由于洞穴空间深幽莫测,增加了室内空间的变化和趣味。四川青城山朝阳洞,在洞穴外因势架屋,覆盖洞口,是其佳例。若洞穴大时,则将整幢寺庙建筑纳入洞内,使建筑空间与洞穴空间交相融混,人工建筑和天然洞穴相结合,形成洞窟仙府的奇妙景观。浙江雁荡山合掌峰的观音洞,洞口有天王殿,内塑四大金刚。从洞口至顶层,有石蹬377级,为雁荡山第一大洞。过天王殿而上,洞内倚岩建有楼房十层,顶层为观音殿,供奉观音和十八罗汉塑像。远观为一天然洞府,近观殿宇隐于其内,确实是一处非常难得的寺庙景观。此外,福建泰宁甘露寺与福州鼓山罗汉洞,寺庙建筑皆藏于洞穴之中,均是设想奇、构思巧的佳例。

（四）悬崖布局

建于悬崖陡壁上的寺庙，或峭立于江河湖泊之畔，或悬于壑谷深渊之侧，既有别于孤峰矗拔的山巅，又有别于幽丽静谧的山坳，有着虚、危、难的风景特征。所谓“虚”，即崖畔之上，云雾横断，陡峭壁立，上空下虚，人站其上颇有凌空欲飞之感，其垂直视角最大，既可仰视俯视，又可水平远视。所谓“危”，即崖畔壁立，山岩嶙峋，地势高兀，景观危绝，人站于此，既感怵目骇心，又感心旷神怡，最易创造出“仙山琼阁”的宗教境界。所谓“难”，即悬崖之上，地形陡峭，面积狭窄，营建构景最为艰难。多以人工开凿，争以一席之地，挑梁架屋，一旦建成，往往成为建筑奇观。其构景手法，要尽量凌空，突出其危；不惜人工，巧创奇观。四川乐山大佛寺，寺前有70余米绝壁，滔滔大江，拍崖而去，风景甚为壮观。建寺布局时紧扣绝崖特色构景，除去在悬崖上凿出香道、绝壁上凿出乐山大佛外，在绝壁上又凿出九曲石级，直下大佛脚边。此外，在悬崖上适量建筑亭榭，俯视崖下，令人心悸目眩，构成了奇伟险绝的景观。山西浑源悬空寺，是绝壁上构景的佳例。殿宇上倚危峰，下临深谷，攀崖附壁。殿宇楼阁间以栈道相连，玲珑剔透，参差错落，嵌在陡崖上，宛若“天宫楼阁”，创造了华夏“悬空建筑”奇观。四川忠县石宝寨，位于长江边玉印山壁。山顶建有天子殿古道观，南面临江峭壁上建筑12层宝塔形楼阁，重重叠叠，直插云霄。楼阁体态动人，形制奇巧，成为长江上过往舟船观赏的佳景。

第二节　寺庙园林的特点

寺庙园林遍布全国风景名胜区，可以毫不夸张地说，凡是有风景名胜的地方，都有寺庙园林存在。许多山川胜景直接用于寺庙命名，就是很好的说明。比如浙江雁荡山，大龙湫前名龙湫院，凌云峰下名凌云，石梁洞旁建石梁寺，灵岩脚下辟灵岩寺。浙江温州江心寺，位于瓯江中的江心孤岛；遂昌三台寺，以寺后有三台岩而得名；而曹娥江畔东山的东山寺、金华九峰山麓的九峰寺、慈溪五磊山之五磊寺等，均以所处的山名为寺名，人们由寺名即可联想到寺庙的地理位置及其地域特色。此外，有的寺庙名直接反映名胜景观特征。如雁荡山石门庵，因其两旁崖壁对峙如门，路从中出，故名：海盐云岫庵，坐山望水，兼具湖光山色、云容涛响之美，其命名结合周围胜景，取陶渊明《归去来辞》中“云无心以出岫，鸟倦飞而知还”句意，含蓄隽永。诸暨洞岩寺、五泄寺，一以洞岩胜景而命名，一以五泄瀑布而命名，标明了自己独特的景观风貌，引人寻幽探胜、闻声探奇。兰溪云泉庵，因地处“涧泉清美”而得名，松月庵因所在地有“明月松间照，清泉石上流”（王维诗句）的意境而得名。

总之，寺庙由于地处山林胜景，寺名也往往体现出这一特征，或点其山，或称其河，或记其物，或标其位，或描其形，或寄其意，使人一见其名便可联想其景。

不管是佛教还是道教，在选取名山大川作为寺庙园林建址之时，都考虑到了各个方面的因素。出于自身的教义追求，佛教和道教都向往“佛国仙山”的宗教意境，借此达到自我的精神满足，同时也以高尚的教义吸引天下信徒前来瞻仰朝拜。同时也为香客考虑，满足其赏景需要，所以寺庙建筑在确保主要建筑的显赫地位和尽可能维持中轴式对称布局的建筑程式下，结合不同的地势、地形条件和自然景观，因地制宜，借鉴世俗园林建筑的特色，在保持庄严肃穆的宗教氛围的基础上，创造了生趣盎然、开朗活泼的观赏空间。

结合上述内容，我们可以将寺庙园林的特点归纳为以下几点。

一、自然景观与寺庙建筑密切结合

为了兼顾游客和香客的观赏需要，人们以园林景观的设计方法，改造寺庙建筑周围的自然环境的混乱无序状态，对其进行深度加工，使自然景观的环境空间得以升华，成为寺庙园林空间。例如镇江有名的三山——金山、焦山、北固山，每山皆有寺，然而每处寺庙园林都因地制宜，充分利用当地的自然景观，使其各具特色。我国著名古建筑园林艺术专家陈从周先生曾在其著作《说园》中写道："镇江金山、焦山、北固山三处之寺，布局各殊，风格终异。金山以寺包山，立体交通。焦山以山包寺，院落区分。北固山以寺镇山，雄踞其巅。故同临长江，取景亦各览其胜；金山宜远眺，焦山在平览，而北固山在俯瞰。皆能对观上着眼，于建筑物布置上用力，各臻其美，学见乎斯。"

二、兼具游赏功能和宗教教义

我们可以将寺庙园林的总体布局分为三个部分。

第一部分为宗教空间，主要功能是供奉神像，举办宗教活动。为了显示神权的至高无上，宗教空间几乎都采用宫廷式的建筑格局。其特点是等级森严、突出重点、对称规整，用刻板的程式化布局手法，突显宗教的庄严肃穆和神秘气氛，给宗教信徒们营造一种顶礼膜拜和收心敛神的神圣氛围。

第二部分是寺内园林空间。不同于宗教空间，它运用灵活自由的园林布局手法，冲破了庄严规整、中轴对称的宗教建筑格局的束缚，用园林景观要素点缀内部空间，增强了建筑空间的连续、渗透和流动，破除了宗教空间的沉闷、严谨氛围，使宗教建筑空间成为生趣盎然、开朗活泼的园林观赏空间。

第三部分是寺外园林环境空间。这一空间不仅包括被园林化了的登山香道，还包括寺庙建筑周围的自然景观和山水空间环境。

宗教空间为适应以静为主的宗教活动，体现自身的宗教功能，是相对静止和孤立的；与之相反，寺内园林空间和寺外园林环境空间都是以动为主的，供香客和游人观赏，体现了其游赏功能。这种动静结合、兼具宗教功能和游赏功能的风格，使寺庙园林有着雍容华丽的外貌（主要指其宗教建筑）和质朴素雅的内涵（主要体现于寺内寺外的园林环境）。如苏州阊门外的著名寺庙园林——西园：东边是规整的寺庙布局，以体现其肃穆的宗教功能；西边则是自由活泼的园林布局，以体现其轻松的游览功能。

三、范围可小可大

寺庙园林的范围可大可小。小的寺庙园林，往往是位居深山一隅的咫尺小园，重点在于其自然环境的清幽深邃，有助于形成“远离尘世，念经静修”的宗教功能。大的寺庙园林，包括寺院内外的自然和人工景观，甚至可以包含寺庙周围的自然山水景观，共同组成寺庙园林的大环境，使其成为盛名远播的风景旅游胜地。在现存众多的寺庙园林中，大的寺庙园林比重较大，因此，寺庙园林的空间容量远比私家园林大得多。如武当山、五台山、九华山、泰山、普陀山等宗教圣地，视野广阔且具有浩大的空间容量，景观优美，空间层次深远而丰富，远借百里于眼前，近能观咫尺于目下，形成了高低、动静、大小、明暗、远近等强烈对比的环境空间，吸引了众多香客和游客。

四、公开开放

这是由寺庙园林的宗教性质所决定的。宗教的目的是“普度众生”，对来庙敬香者、瞻仰者、游览者，不论贫富贵贱、男女老少、雅逸粗俗，一概欢迎，决不嫌弃，因此，具有公共游览性质，具有适应最广大阶层游客观赏的景观内涵，不同于只供少数人独享其乐的皇家园林和私家园林。庶民百姓只有到寺庙中，才能游赏园林。进香游览人数众多，出于虔诚的宗教信仰，大多愿意倾囊施舍，这又从经济上大大促进了寺庙园林在全国众多的名山大川中得到开发，使得名山胜水和灿烂的历史文物荟萃在一起，吸引着千千万万的中外游客去饱赏其丰姿秀色。

第三节　名园欣赏

一、千佛山

山东千佛山是济南三大名胜之一，古称历山，相传上古舜帝为民时，曾躬耕于历山之下，故亦名舜山或舜耕山。千佛山位于济南市中心南部，是泰山的余脉，海拔285米，占地约166万平方米，距市中心2.5千米，与趵突泉、大明湖并称济南三大景观。隋朝年间，山东佛教盛行，虔诚的教徒依山沿壁镌刻了为数众多的石佛，修建了千佛寺，山因此得名千佛山。沿盘道西路登山，途中有一唐槐亭，亭旁有古槐一株，相传唐朝名将秦琼曾拴马于此。半山腰有一彩绘牌坊，即"齐烟九点"坊。登上一览亭，凭栏北望。近处大明湖如镜，远处黄河如带，泉城景色一览无遗。

千佛山上的石佛雕刻集中在兴国寺后的千佛崖上。兴国寺又名千佛山寺，始建于唐代，后经历代增建，规模渐大。寺门外西南上方的山崖上刻有"第一弥化"四个篆体字，每字约有4米见方。千佛崖上有隋代石佛60余尊，年代悠久，具有很高的艺术价值。千佛山之东，佛慧山上也有石佛雕刻。其中主峰山麓有一佛龛，内有一尊头部佛像，高7米，宽4米多，俗称"大佛头"，这是一种十分罕见的石雕。

万佛洞位于千佛山北麓，是千佛山的一大胜景，兴建于1992年，集敦煌、龙门、麦积山、云冈全国四大石窟的精华于一身，用仿造的手法，塑造佛祖、菩萨、弟子、天王近3万尊。洞内壁画万余平方米，由四部分构成，分别为：莫高集锦、龙门精华、麦积奇观、云冈荟萃。洞长500米，记载了中国佛教发展的历史，蕴藏着深厚的文化内涵。

千佛崖在兴国寺院内南侧，是济南市较早的造像群，对研究中国隋代佛教文化颇有价值。崖下有三洞：极乐洞、龙泉洞、黔娄洞。

兴国寺在千佛山山腰，又名千佛寺，是一座年代久远的山间古刹。占地3000平方米，是山东香火胜地。始建于唐贞观年间，宋代扩建，后毁于战火。山寺几经兴废，现存寺庙是经过明、清两朝重修后的建筑。院内尚存明成化七年（1421年）《重建千佛寺永远千年碑》，可为重建山寺历史的佐证。

二、少林寺

少林寺在今河南登封市西北的少室山北麓五乳峰下，始建于北魏孝文帝太和十九年(495年),因建寺前少室山麓丛林满野,故取名少林寺。少林寺一直是国内外著名的佛寺之一。

当初,孝文帝建少林寺,是为了安顿印度僧人跋陀居住传法。到孝明帝孝昌三年(527年),另一位印度僧人菩提达摩来到寺内。达摩在少林寺传授佛教禅学,后来被佛教推为禅宗初祖,少林寺也因此名重一时,成为禅宗祖庭。

相传达摩面壁九年,在长期打坐修炼过程中,为活动筋骨,发明了心意拳,经少林寺众僧徒演练、充实,发展成为极负盛名的少林拳。唐初,擅长少林拳的寺僧辅佐唐王李世民开国有功,唐王大加赏赐,少林寺不但得到大量田庄,而且获得了设立营盘、豢养僧兵的特权,寺院规模迅速扩大,殿宇楼阁上千,僧徒众多。后来少林寺几经兵火,几经重建,现存建筑有山门、方丈室、达摩亭、地藏殿、千佛殿和塔林等,占地面积3万平方米。山门额"少林寺"三字为清康熙帝亲书。千佛殿气势雄伟,内有明代《五百罗汉朝毗卢》大型壁画,约300平方米。殿中砖地上有许多凹坑,叫作站桩坑,据说是少林武僧练功跺脚所留下的痕迹。白衣殿内有少林拳拳谱、十三和尚救唐王李世民的壁画。

寺西的塔林,是少林寺历代高僧墓塔,共有大小不同的砖塔、石塔220余座,是我国现存最大的墓塔群。建塔年代,最早的已逾千年,最晚的也有300多年。其中由元代日本僧人邵元撰文并书塔铭的菊庵塔以及天竺和尚塔,是中日、中印友好交往的历史见证。塔形多种多样,反映了不同时代的建筑风格,是研究我国历代建筑的珍贵实物资料。

少林寺西北有初祖庵、达摩洞,西南有二祖庵。初祖庵的大殿建于北宋宣和七年(1125年),是河南现存最古老、价值最高的一座木结构建筑,它的修建,是为了纪念达摩面壁九年。二祖庵则是为了纪念二祖慧可。相传禅宗二祖慧可向达摩学佛,立雪断臂,终于得到了真传。徒众为纪念他,在他养伤的地方建起了此庵。

寺内现保存唐以来碑碣石刻300余品,其中以《唐王告少林寺主教碑》和米芾、赵孟頫、董其昌等历代名家碑刻最为珍贵,可谓塔碑密布,文物满寺。

河南是中国著名的武术之乡,少林寺更是我国武功的一大渊薮。白居易曾写诗赞少林说:"强健且宜游胜地,清凉不觉过炎天。始知驾鹤乘云外,别有逍遥地上仙。"

图 4.1　少林寺

三、碧云寺

碧云寺位于北京香山静宜园的北面，西山余脉古聚宝山（又名寿安山）的东麓，是西山风景区最雄伟壮丽的一座古老寺院。明代蒋一葵在《长安客话》中对碧云寺有如下评价："大抵西山、兰若、碧云、香山相伯仲，碧云鲜，香山古，碧云清活，香山魁恢。"马汝骥《碧云寺》诗说："西山台殿数百十，侈丽无过碧云寺。"足见碧云寺在当时人们心目中的地位是远远超过西山诸多寺庙的。

碧云寺创建于元代，相传其地为金章宗玩景楼旧址，原名碧云庵。明代武宗正德十一年（1516 年），以佞幸得宠的御马监太监于经，扩建了碧云寺，并立冢域于寺后，作为死后的葬身之所，并在这个小山上种植了青松，据说这种做法叫作"青松压顶"，当地称这座寺为"于公寺"。后来于经下狱，未能葬身碧云寺。明熹宗天启三年（1623 年），魏忠贤再度扩建碧云寺，又在于经墓圹的基础上加以扩建，为自己准备墓地，但 5 年后魏忠贤获罪而死，墓穴遂废。经过两度扩建，富有明代建筑特点的碧云寺业已形成。到了清代，绮丽壮观的碧云寺吸引了帝王和后妃，乾隆十二年（1748 年），又对碧云寺进行了大规模修建，增建了一座罗汉堂和一座金刚宝座塔。

全寺依山势而建造，坐西朝东。整个寺院的布置，以排列在中轴线上的六进院落为宅体，南北各配一组院落。院落采用各自封闭的建筑手法，层层殿堂，依山叠起，这主要是适应阶梯式的地势而形成的特别布局。寺院虽依山势逐渐隔起，却不使总体的布局暴露无遗，采用回旋串连、引人入胜的建造形式，每进院落各具特色，给人以层出不穷之感。整个寺院，由山门至寺后的石寺，高度相差约100米。远远望去，山坡上青松翠柏，蓊蓊郁郁，掩映着寺墙，自然景致极好。

碧云寺三面环山，寺门面对平野，气势雄伟。明袁宗道有文："巷尽见朱门碧涧，是为碧云。涧深丈余，作琴瑟响。堂殿依山，从夷入危，历数百级乃登佛殿，然若宫室蔽亏，不堪远瞩。登中赏坟垣，乃及山腰，从上望都城，睥睨可数。"此处有副对联："恐坏云根嫌地窄，爱看山色放墙低。"

碧云寺的园林以泉水取胜，从寺后崖壁石缝中引山泉入水渠，绕长廊而出正殿两庑，再左右折复汇于殿前的石砌水池。池内养金鱼，供人观赏。利用活水把殿堂院落园林化，这种别致的做法亦是因地制宜，所谓"西山一径三百寺，唯有碧云称纤秾；山僧不放山泉出，缭绕阶前声瑟瑟"。如果说香山寺的园林重在开阔，碧云寺则更着意于幽静。

四、岱庙

岱庙位于泰山南麓、泰安城中心，是我国古代著名的祭祀山川的祠庙之一。它南北长406米，东西宽237米，总面积96222平方米，被誉为中国三大宫殿式建筑群落之一。庙貌恢宏，俨然帝居，青垣周匝，堞雉高耸，古木蓊郁，殿阁巍峨，碑碣如林，文物荟萃，是一处有着丰富文化内涵和人文景观的观赏性园林，亦是中国古老文明的缩影。

岱庙为泰山神府邸，古代帝王在此举行祭拜大典。《汉书·地理志》载："博有泰山庙，岱山在西北求山上。"（"求山上"为兖州山之误，见王先谦《汉书补注》）《水经注》引《从征记》云："泰山有下、中、上三庙，墙阙严整，门间三重，楼榭四所，三层台一所，高三丈，宽八丈"；"庙内柏树夹两阶，大二十余围，盖汉武所植。赤眉尝斫一树见血而止，今斧创犹存"；"庙内有神器库，库中有汉时旧乐器及神车木偶，皆靡密巧丽"。所以，西汉已有泰山庙当无疑问。宋大中祥符元年（1008年），宋真宗东封泰山，翌年下诏严饰庙貌，建天贶殿。至徽宗宣和四年（1122年），已有殿阁楼堂813楹，并重建庙墙，形成相沿至今的总体规模。金、元、明、清各代屡有修葺。清康熙八年（1669年），郯城地震波及泰安，除五风楼、厚载门外，东西华门并门楼、角楼及庙内建筑俱塌毁。山东布政史施天裔委泰安武举张所存担纲修庙，逾8年恢复旧制。民国年间，庙遭战乱，建筑文物损毁严重；“文革”期间，复遭劫难。20世纪80年代，翻修、重建了部分建筑，庙貌焕然一新。1988年1月，被国务院公布为全国重点文物保护单位。

岱庙总体布局以旧泰安城南门为基轴，双龙池、遥参亭、岱庙坊、正阳门、配天门、仁安门、天贶殿、后寝宫、厚载门、岱宗坊、登山盘路由南而北次第排开，形成山城一体格局。岱庙建筑采用帝王宫城布局，纵横扩展，均衡对称，以红墙黄瓦为基调，更显得辉煌、雄伟、庄严、富贵。中轴线纵贯五进院落，东侧辅以汉柏院、东御座、东道院；西侧佐以唐槐院、雨花道院，形成以高大厚重的天贶殿为主体，各自独立又相互统摄的建筑群体。

遥参亭又名草参亭，位于正阳门以南，为岱庙门户。古人祭泰山神，先在此参拜，然后入庙，故取“遥遥参拜”或“草草参拜”之意。唐代名遥参门，宋代在门内建亭，改称遥参亭，明代围以丹垣，清代在门前修遥参坊，光绪年间在坊前建双龙池。亭南北长66米，东西宽52米，总面积3432平方米，形成南北纵向二进院落，主要建筑有遥参坊、山门、正殿、四面亭、后山门。亭内今有泰山书画及文物陈列。

岱庙坊又称东岳坊，位于遥参亭以北，正阳门以南，清康熙十年（1671年）山东布政史施天裔创建。坊起三架，通体浮雕，高12米，宽9.8米，进深3米，四柱立于两块长方形石台上，殿脊九脊歇山顶，正中脊上立一宝瓶，四端各有高翘龙尾的吞脊鸱吻，其下作斗拱承于横梁之上。柱侧抱鼓石上各雕有石狮一只，身旁有数只戏耍的幼狮。梁柱、额板及滚墩石上分别雕镂有铺首衔环、丹凤朝阳、二龙戏珠、群鹤闹莲、天马行空、麒麟送宝、喜鹊登梅等三十余幅祥瑞图像。石坊中间二柱两侧均刻有对联，南联为施天裔撰书：“峻极于天，造化体元生万物；帝出乎震，赫声濯灵镇东方。”北联为山东巡抚兵部侍郎赵祥星撰书：“为众岳之统宗，万国具瞻，巍巍乎德何可尚；掺群灵之总摄，九州待命，荡荡乎功孰于京。”陈从周先生称岱庙坊为山东石坊翘楚。

庙墙与门楼岱庙城墙辟有八门并四角楼。南向五门，中为正阳门，上有五风楼，楼檐下悬岱庙匾额；门两侧各有一掖门，掖门两侧东有仰高门，西有见大门；庙墙东向一门为东华门，又称青阳门；西向一门为西华门，又称素景门；北向一门为厚载门，上有门楼。四角楼红墙黄瓦、三层叠檐夹脊歇山顶，各以八卦方位名之：东北为艮，东南为巽，西北为乾，西南为坤。

配天门位于岱庙第一进院北侧。门取意“德配天地”“配天作镇”。面阔九间，黄琉璃瓦九脊歇山顶，梁檩彩绘，东西两侧原有三灵侯殿和太尉殿，门前有明代铜狮一对。门前两侧有碑二十余通，最著名者为东西对峙的两通宋代丰碑。

仁安门位于配天门以北，门取意“天下归仁”，康熙帝御书门额。建筑形式同于配天门。配天、仁安两门之间有高台甬道相通，为岱庙第二进院。门前有明代石狮一对。门两侧原有回廊与天贶殿相接，今不复存在。

北出仁安门，首先看到的是一石砌方形栏池，池内外有九块玲珑剔透、形态各异的太湖石，状如老人，故称“阁老池”。池北拾级而上为连接小露台、大露台的高台甬道，甬道上有扶桑石和孤忠柏。

天贶殿位于岱庙第三进院落中玉栏环抱的露台北侧，与故宫太和殿、曲阜孔庙大成殿并称中国三大殿。该殿创建于宋代，元代重修时改称仁安殿，明代重修时更名峻极殿，民国年间复称天贶殿，现存大殿为康熙时重建。殿面阔九间 43. 67 米，进深五间 17. 18 米，高 23. 3 米，六柱五架梁重梁起架，十一檩副阶身内周匝廊式。殿顶为五脊重檐庑殿式，上覆黄琉璃瓦，双檐之间悬“宋天贶殿”匾额。殿身梁檩枋额遍绘彩画。檐柱下旋红色隔扇成前廊，八根粗大檐柱伫立于廊前，下有覆盆柱础，廊柱和殿身檐柱上施单翅重昂七彩斗拱。殿内顶中间有天花彩绘藻井，藻井下为神龛，龛内端坐东岳泰山之神像，神龛前上方悬清康熙帝题“大德曰生”和乾隆帝题“配天作镇”两块巨匾。神像前为供案，供案前一字排开明代铸铜五供。供案上陈列着清乾隆年间御赐铜五供，上均铸有五岳真形图案。供案两侧列有金瓜斧钺等仪仗。殿内东次间立有一座明代铸铜照妖宝镜。殿内北东西三面墙壁上绘有“泰山神启跸回銮图”壁画。大殿两端檐下有一对御碑亭，大殿与小亭形成强烈对比。天贶殿与太和殿、大成殿不同之处是大露台连小露台，宽阔的露台玉阶重叠，仿佛将大殿捧入云端。大露台中央置明代铁香炉一尊和北宋靖国年间铸铁桶一对。大殿两侧回廊环抱，廊引人随，给人以强烈的节奏变化感。东廊房与钟楼相接，内中陈列十九块历代名碑，佼佼者有汉衡方碑、张迁碑、晋孙夫人碑、唐双束碑等。西廊房与鼓楼相接，陈列有汉画像石四十八块，鼓楼内有历代钱币陈列。大殿前院内古树蔽日，立有宋代以来碑碣四十余通，内容多为祭祀、修葺泰山、岱庙纪实，有很高的资料价值。

天贶殿以北为后寝三宫，原祀东岳大帝妃淑明后。中寝宫建在高大台基上，黄琉璃瓦九脊歇山顶；东西两寝宫建在较低台基上，青瓦九脊歇山顶。三宫由红墙连接，形成第四进院，院内有植于康熙年间的参天银杏两株。后寝宫今辟为泰安历史文化展室。

后寝宫以北为后花园，是岱庙最后一进院落。园分东西两部分。东园内置树桩盆景，园南部石砌高台上矗立一座鎏金铜亭，亦称金阙。此亭原在岱顶碧霞祠，20世纪70年代初移庙内。面阔三间，九脊歇山顶。西园内植四季花卉，院南部石台上有明铸铁塔一座。园北庙墙正中为后载门，上建有仿宋门楼，登楼远眺，泰山雄姿一览无余。

汉柏院位于第一进院东侧，原为炳灵院，除炳灵门外，旧建筑无存，因院内有据传为汉武帝所植柏树五株，故称汉柏院。院北部炳灵殿基址上筑有高台，台上有亭，可于亭上赏柏，因称汉柏亭。院中有八角池，名影翠池。院中荟萃65代名家碑碣百余通。

东御座位于汉柏院以北，明代为迎宾堂，清代帝王祭泰山驻跸在此。乾隆年间拓建，改称驻跸亭，因靠近东华门，故称东御座。东御座是一座南向四合庭院，由山门、正殿、东西配房组成。正殿和配房建在露台上，门、殿、房之间有环廊相接，殿、房的檩、檐、廊遍施彩绘。露台下西南侧有南向青砖碑楼，内嵌有瑰宝秦刻石残片。院两侧环廊墙壁上嵌有郭沫若登岱诗文和题词碑八通。

五、潭柘寺

潭柘寺位于北京市门头沟区群峰环列、环境清幽的潭柘山山窝，冬暖夏凉。始建于西晋，当时叫嘉福寺。唐代改名龙泉寺，是规模较大的佛教讲经之地。金皇统年间(1141年—1149年),又更名大万寿寺。明天顺元年(1457年),复名嘉福寺。康熙三十一年(1692年),再改称岫云寺。因寺后有龙潭,寺中又有古老的柘树,故俗名称为潭柘寺。

潭柘寺是北京地区历史最久的寺庙,也是今北京郊区最大的寺庙之一。自创建以来,历代多次重修和扩建,现存建筑多系明清两代的遗物。该寺依山势而建,各级殿堂呈阶梯形,沿着一条小轴线层层高升,十分壮观。它和周围的高山、清泉、松柏、花草融洽地结成一个整体,构成了环境优雅的自然风景区。总体布局紧凑严整,正殿与左右配殿等组成对称的多进院落形式,表现出明清时期的寺庙建筑特点。

全寺建筑分为中、东、西三部分。中部沿中轴线而上,是牌楼、山门、天王殿、大雄宝殿、毗卢阁等建筑。原来还有三圣殿,今已不存。这些建筑,宏敞巍峨。主体建筑大雄宝殿面阔5间,重檐,庑殿顶,黄琉璃瓦绿剪边,大脊两头的巨形碧绿琉璃鸥吻高2.9米,形象生动,气势轩昂,各系以鎏金长链。这表明它是明代以前的建筑。在三圣殿遗址左侧,有一棵银杏树,粗约7米,高30多米。相传为辽代所植,距今已有千年左右,现仍枝繁叶茂。清乾隆皇帝曾封之为“帝王树”。殿址右侧也有一棵银杏树,是后来配植的,因此称为“配王树”。此外,这里还有娑娑树、玉兰以及各种名贵花木。由三圣殿遗址拾级而上,便是全寺的最高处——毗卢阁。为两层硬山顶木结构建筑,高15米,屋面造型别致。在两侧山墙外有石级可上至楼顶,俯瞰全寺景物,如入画境。

东部建筑群由方丈院、万岁宫、太后宫等庭院式的建筑组成。碧瓦朱栏,窗明几净。北部是一片竹林,龙泉水从山墙里伸出的一个琉璃吻中喷出,流入院内,潺潺作响,使这里显得十分幽雅别致。院内有座琉杯亭,绿琉璃瓦,四角攒尖顶,四柱间有坐凳栏杆。亭基为汉白玉,上面雕刻着一条弯曲的沟渠,形如蟠龙。引泉水入渠,然后向着亭外石槽流去,文人雅士春天常于此亭作“曲水流觞”之乐以助兴,即以耳杯盛酒,放置入口处,耳杯随水沿渠漂流,文士列坐渠旁,取杯饮酒作乐。

西部是一些圆形、方形的佛殿建筑。其中有戒坛、观音殿等。排列整齐,庄严肃穆,瑰丽堂皇。最高处是观音殿,重檐硬山顶琉璃瓦,十分壮丽。殿角上系有铜铃,每当微风吹来,便发出清脆悦耳的响声。元世祖忽必烈的女儿妙严公主,曾在此出家,至今殿内还保存着她的塑像。

图4.2 潭柘寺

山门之外，还有安乐堂和塔院两组建筑物。安乐堂位于山门的左前方，是和尚养老的地方，形似故宫中的一道宫院，院落明亮宽敞，里面长满果树，十分清静雅致。塔院位于山门前的小平原上，有金、元、明、清各代的和尚塔数十座，妙严公主的墓塔也在这里。由于建塔的时间不同，形式也就各有特色。这为我们研究历代和尚塔形制的演变，提供了可靠的实物资料。这里原有许多柘树，现仅存东面一株。

第五章　名胜园林

第一节　概述

在我国古典园林的分类中，除了私家园林、皇家园林、纪念园林和寺庙园林之外，还存在着一种涵盖面较广的类别——名胜园林。一般来说，凡是没有特定服务对象，带有某种公共性质的古代园林，均可以归属于此类，即今日所说的公园。东晋兰渚山下的兰亭可以说是见于记载的我国最早的名胜园林建筑。它以兰渚山自然山光水色为主，点缀以若干亭廊而成。每年的农历三月初三，绍兴一带的男女老少便来到兰亭踏青游春，做一种叫“曲水流觞”的游戏。

名胜园林按其所处的位置又可分成两种：第一种，一般位于城市近郊的山水秀丽之地，它们占地大，范围广，具有较大的综合性，我们称之为风景名胜园林；另一种是位于城内，有较明确的范围，但其观赏主题常常是具有较高文化价值的历史古迹名胜，如古代名楼、名泉、名桥等，可以称为古迹名胜园林。

从园林史上看，城市古迹名胜园林常常是由风景园林演变而来的。如黄鹤楼、滕王阁当年均是武昌、南昌城外观看大江风景的名楼，随着沧海桑田的历史变迁，如今均已成了城中名胜园林。因此，两者之间常常没有很明确的分界线，它们的艺术特征也有许多相似之处。

城郊的名胜园林多数是利用原有的天然山水林泉，结合城市的治理建设，经过适当加工改造和艺术点缀而成的园林名胜游览区。与其他园林不同，山水名胜园林一般没有明确的地域范围或界线，因而具有较大的开放性。它是以自然山水物为基本骨架，长期积淀了古迹名胜等人文景观而形成的，具有较大的综合性，是城邑居民共有的公共风景游赏区。

名胜园林与位于名山大川的自然风景区不同，首先，它必须靠近城镇，市民在节假日能很方便地前往游览,有的甚至像常熟虞山那样,“十里青山半入城”,工作休息之余也能前去赏景,如杭州西湖、无锡惠山、常熟虞山、肇庆七星岩等。其次,它不以自然崇山峻岭的奇伟景观取胜,而是以秀山秀水、春花秋叶和古迹名胜为观赏主题。在使用性质上,风景名胜园林很接近现代的城市公园或城郊公园,在规划布局上则充分体现了古典园林顺应自然、美化自然的传统,堪称古代城市园林和名胜风景区之间的一个过渡。

从历史看,风景名胜园林的发展要比其他园林慢。大唐京师长安南郊曲江池一带的游憩区,一般认为是首创的风景名胜园林。到两宋,随着经济的发展,邑郊风景园林渐渐繁荣。当时城市手工业、商业发达,人口增多,一般的市民不可能营建自己的私园,只能到近郊的山水林泉中去满足自然美的欣赏需求,于是城郊的风景地便不断得到开发,成为一种公共游览园林。

这类园林的风光要比一般园林更富野趣,更自然,因此其开发也得到地方官员、文人雅士的支持。发展到明代,全国的大、中城市几乎都有各自的风景园林,仅被称作“西湖”的就有三十六处,便有“天下西湖三十六”之说。每逢月夜花晨,这些园林中游人往来,纷错如织。宋代文学家欧阳修对百姓争游琅琊山曾有如下描写:“至于负者歌于途,行者休于树,前者呼,后者应,伛偻提携,往来不绝者,滁人游也。”

城市风景名胜园林的开发常常与邑市综合治理结合在一起,其中主要是治水。水是城市的命脉,又是农业之根本,古代一些贤明的地方官,往往结合郊区水利和城市供水设施的建设,综合开发邑郊名胜园林,如杭州的西湖风景与白居易、苏东坡任职时的建设分不开,北京西郊的园林风光与元代科学家郭守敬对郊外水系的综合治理相关。此类名胜园林的形成常常是由点到面,在一个较长的历史时期内逐步累积完成,具有较强的历史意义。园内名胜古迹多,素有“唐宋元明清,从古看到今”的说法。

随着沧海桑田的历史变迁,当年的郊外名胜园林演变成了城内园林,这就组成了另一类名胜园林——以某一历史名胜古迹为观赏主题的古迹名胜园林。如万里长江的几大名楼,历史都很悠久,当年是为了观赏四周风景而建的,像王勃“落霞与孤鹜齐飞,秋水共长天一色”这样的名句所描绘的便是滕王阁四周的园林景色，唐宋以后它们是郡城士人及百姓登高赏景游览必到之处。久而久之，四周就成了市肆，商业繁荣，它们渐渐成了城中的名胜园林。

这类园林每每以某一古建筑或其他古迹，如古洞、古桥、古泉等为园景的中心，由于与之相关的题咏、赏景诗文极多，虽然在历史上屡毁屡建，但其文化价值及观赏价值并没有减弱，相反，随着时间的推移、游赏者的增多而愈加著名，常常成为当地引以为豪的园林文化遗产及旅游名胜。这些园林的古迹常常又与历史上某些名人轶事有关联，因此又与纪念园林有相似之处。如成都锦江之滨的望江楼园，主要是为了纪念唐代女诗人薛涛。但其中的古井——薛涛井，又是城中名胜常见的主题。因此，在分类上只能就其主要的游赏功能和主景的纪念意义来考虑它的归属。

第二节　造园特点

风景名胜园林与古迹名胜园林虽然占地大小相差甚远，环境也有很大的不同，但他们的园景构成均是以山水林泉或名胜古迹为主，具有比较相近的艺术风格和观赏特点。

一、天然色彩

能充分利用自然山水的风景资源，按照园林艺术要求，经过历代加以人工的整饬改造，使景色既富有山林野趣，又有工匠的艺术构思。那里既有青山绿水、洞壑溪泉、花草树木等自然景色，又有亭台楼阁、危磴曲径、仙祠古刹、精舍浮图等人工创造物，两者相配合，更突出了园林风光的自然景色。如骊山温泉山水园是以山、泉和唐朝苑囿遗址为骨架的风景园林，山秀水清，松柏满坡，山麓几座遗迹古园如九龙汤、华清池等的点缀丰富了游赏的对象，同时也勾勒了山水风景。

二、风月宜人

古人常将富有变化的天象气候景观称为风月景。山水园林地域广阔，赏景视野大，这就为远距离欣赏山林溪泉、亭塔楼阁的整体气势和阴晴雨雪的变幻创造了条件。与城市一般园林相比，名胜园林风景有着更多的层次，更丰富的变化，其中最主要的原因是园中的实景常常能和大自然的景观如日之阴晴、月之盈亏、风起云涌、朝雾暮霭等融合在一起，形成动静结合、虚实相济的迷人景致，而艺术家的设计也为人们及时欣赏风月景创造了条件：如为了赏月色，每每依傍着开阔的水面设置平台亭榭；为了观日出，往往在山巅建造观日出的赏景点；为了欣赏山峰出没在云际，又常在山麓低平处设立宜于仰观的亭阁，等等。

三、文化积淀

名胜园林具有较强的历史延续性，它的形成常常经过几十年甚至数百年、上千年的改造、经营和积累，经过好几代名人贤达和文人墨客的关心和参与，因此在它的景色中，常常积淀着深厚的文化意味。首先，风景名胜园林常与历史名人联系在一起，如李白之于宣州（安徽宣城）敬亭山，杜牧、岳飞等之于池州（安徽贵池）齐山，苏轼之于广东惠州西湖等。唐代柳宗元被贬永州（湖南永州），曾致力于山水园林的建设，他说的山水"美不自美，因人而彰"主要就是指城郊风景园林的景色。其次，风景名胜园林的景区或景点题名常常反映了较深的历史文化内涵。名胜园林是城市居民闲暇游乐的场所，也是文人乡绅宴集吟咏之处，园林景色及其题名的好坏也几乎成了衡量该城文化水准高低的标志，因而受到地方官员及社会贤达的重视。为了使园林美景代代相传，也为了与其他城市比美争胜，古代一些城邑常邀请本乡文化名人对主要园景进行品评题名，最后以"八景""十景"作为该园的形象概括。到明代，城郊八景之说风行天下，北京有燕山八景，西安有长安八景，连小城小镇也有引以为豪的八景、十景，成为古典山水园林命名的一大传统。从风景欣赏来看，这类标题指出了园林的精华，又富有诗意，有利于游赏者把握主要的风景特点，培养赏景情感和领悟迷人意境。

第三节　名园欣赏

一、玄武湖

玄武湖位于南京城东北，总面积473万平方米，其中水面面积368万平方米。它东枕钟山北麓；西、南临明代城垣；鸡笼山、覆舟山环绕湖南，湖北隔龙蟠路与南京火车站相望，周围约15千米，是紧靠南京城的一座山水风景园。

玄武湖历史极为悠久，它最早的名称叫桑泊，秦时名秣陵湖，汉末改称蒋陵湖。东吴时，孙皓“开城北渠引后湖水流入新宫”，后湖名声始著。晋元帝疏浚湖床，以便操练水军，因湖在金陵城北，故又更名为北湖。

今日玄武湖已经成为集山峦、湖泊、古城、古迹为一体的综合性的风景园林，除了历代遗留下来的古迹传说之外，自然山水的布置及疏朗野趣的风格更是吸取了古典造园理论的精华，形成了湖岛相间、堤桥联络的格局，被人们所称颂。玄武湖水面为菱形，中间散布着五座小岛，称五洲，各洲的景色各有特点。西面为环洲，翠柳绕堤，有“环洲烟柳”之胜；北面为梁洲，秋满秀菊，有“梁洲秋菊”之誉；东面为翠洲，雪松挺拔，有“翠洲云树”之趣；南面为菱洲，钟山倒映，有“菱洲山岚”之秀；中间环洲所抱者为樱洲，花满四季，有“樱洲花海”之美。在各洲的林木花草之中，掩映着郭璞墩、湖神庙、铜钩井、闻鸡亭、览胜楼等名胜古迹，使园林美丽的自然风光中透露出点点的历史人文气息。

1. 环洲假山

出玄武门，循翠虹堤东去前进不远，就是环洲。环洲是湖中最大的岛，位于西南方，旧名长洲，它像一条玉带萦绕着樱洲。进入环洲，首先映入眼帘的是一座湖石假山。占地两千多平方米，假山玲珑剔透，峭拔挺立，众多的太湖假山石堆砌成了形态各异的园林佳作，它们或似苍鹰展翅，或似猿猴啸天，或似禽栖兽踞。假山最高处有六七米，可引人工瀑布飞流直下，泻入凿地而围的水池。水池利用地形高差分成上、中、下三池，以悬泉、石溪连通。假山之间，则夹道崎岖，曲径盘旋，引入怪洞奇石之中。

这一景区最引人注目的景观是两座珍贵的太湖石峰，一高一矮相对而立，人称

"童子拜观音"。这两块巨石已有700多年的历史,童子石高3.6米,宽度为0.7~0.8米;观音石高5.3米,宽度为0.8~0.9米,石顶弯垂犹如帽子,形态极似观音,因而得名。据考证,观音石为北宋花石纲遗物,1954年迁入玄武湖公园。

2. 郭璞墩

郭璞墩位于环洲西北、假山背后的林木深处,占地约两千平方米。俗名郭仙墩、郭公冈,为东晋著名文学家、科学家郭璞的衣冠冢。

郭璞,字景纯,为山西闻喜人,他"学博才高,词赋超群",在文学、训诂学、天文学、自然地理等方面均有造诣,并善阴阳卜筮之术。东晋大将军王敦谋反,命郭璞占卜此举的成败。郭璞厌恶战乱,不顾王敦的显赫权势,直言不讳地说:"无成"。王敦恼羞成怒,将其杀害。后人有诗记述这件事:"当日危言排国难,何年残骨葬孤忠。君看浮玉山前石,玄武湖波一水通。"人们景仰他的一身正气,在此设立他的墓地,供人凭吊。1524年,明嘉靖帝下旨在此建圣谕亭,1934年,在半山腰建郭璞亭,并由石瑛写了一篇碑文,勒石立于亭内。

3. 诺那庙塔

俗名喇嘛庙、诺那塔,建于1936年,位置在环洲东北角。诺那庙是一座面阔三间的单檐歇山式殿堂,殿堂四壁各嵌以菱形格子窗棂;琉璃碧瓦的殿脊上,雕有蛮吻、鸱吻、骑鸡老道、螭等,形制古朴。大殿内原有诺那法师塑像,1954年被拆除,改建为文化俱乐部。大殿外左侧有两组廊房,现仅存一组。

诺那塔九级六面,钢筋水泥结构,有唐宋风格。底座四周用水泥栏杆圈护,开六面石阶,供人上下。底级四面刻有碑文。另两面原为塔门,现已封闭。

庙、塔均为纪念诺那法师而建。诺那法师生于1865年,圆寂于1936年,他是将藏传佛教传于汉地的第一人,为圆觉宗心法传承的第五代祖师。生前曾为维护祖国统一、反对民族分裂做过贡献,担任过中国菩提学会副会长、中国佛学会名誉理事长等职。1994年,台湾圆觉宗在公园管理处的协助下,来此重塑诺那金身,重修诺那庙塔,这里成为沿海地区喇嘛教的极少数游览胜地之一。

4. 樱洲

樱洲是环洲所环抱的一座小岛,与环洲有古色古香的白桥和另一座景桥相通,洲之得名据说来自洲上遍植的樱桃。每当初春,樱花盛开,远望似片片绯云,辉映蓝天；近看繁花似海，花浪轻翻。到春末，鲜红的樱桃掩映在墨绿的树叶之中，犹如镶嵌在绿毯上的一颗颗红宝石，煞是喜人。在樱洲的北面，有一道质朴古雅的长廊，沿着莲花港蜿蜒里许，每到盛夏，站在长廊里，只见莲花港里荷叶密密匝匝，朵朵莲花点缀其间，微风吹过，空气中传播着一丝沁人肺腑的清香，常常使人联想到“接天莲叶无穷碧，映日荷花别样红”的诗句。

樱洲与历史上很有名的一位文人皇帝有些渊源，他是南唐末代皇帝李煜。据说在被宋太祖活捉之后，最初便是囚禁在这座岛上的。李煜为帝时，极喜玄武湖的风景，经常带着宫女和文臣泛舟于玄武湖，并写下许多著名的词句。软禁在玄武湖中四面环水的樱洲之后，一下子由皇帝变为囚徒，他不堪痛苦，便写下了那首著名的词《虞美人》：“春花秋月何时了，往事知多少！小楼昨夜又东风，故国不堪回首月明中。雕栏玉砌应犹在，只是朱颜改！问君能有几多愁，恰似一江春水向东流。”这后两句词，李煜运用夸张的手法，寄托了自己对国家的无限怀念和深切的哀愁，成为千古传诵的名句。

5. 梁洲

梁州位于玄武湖北部，由环洲经芳桥可至。玄武湖五洲中开辟最早、名胜最多的地方数梁洲。梁洲，又称老洲或旧洲。相传梁武帝的儿子昭明太子萧统曾在玄武湖内建果园，植莲藕。他还在梁洲设立了读书台，聚书将近三万卷。他博览群书，常常召集贤士，谈古论今，撰文编书。他从上起周代、下迄梁朝的文章里，注意到各种主要文体及它们的文法变化，选编了一部三十卷的《文选》，到目前为止，这是已发现的我国最早的诗文选集，对以后文学的发展有着很大的影响。后来昭明太子在荡舟游湖时，不慎掉入水中，染疾而亡。人们便把他设读书台的地方称为梁洲。梁洲前设有石阶围栏，左右有枝条盘成球形的龙爪槐护卫。洲上还有湖神庙、铜钩井、览胜楼等古迹，览胜楼相传为当年宋武帝为观览水军操练之用，在此筑了一座楼台，后毁于兵火。现在的览胜楼于清同治年间重建。

梁洲历来以名花佳木著称，四时花开，常年飘香。特别是每年仲秋时节，人们常常在这里举办大型的菊花展览活动，上百种菊花汇聚一堂，千姿百态，暗香浮动，引来游人，络绎不绝。

6. 湖神庙 铜钩井

位于梁洲西，与牡丹园毗邻。湖神庙的前身是“神祠”，建于明洪武初年，传说当年朱元璋盖黄册库时，有位毛姓老人担心湖鼠会咬坏户籍。因这位老人姓毛，朱元璋就下令把他埋到黄册库下，意思是“毛”与“猫”谐音，猫能伏鼠，并立庙祀之，以为这样可以镇住鼠患。但是后来人们在湖中养鱼，又认为猫喜欢吃鱼，便改为湖神庙。现在人们看到的建筑为清代重建。曾国藩于同治十一年（1872年）重建此庙，游憩面积600平方米，包括湖神殿、观音阁、大仙楼，同时又建了赏荷亭、湖心亭两处。现存者为其主要建筑。

铜钩井是清光绪三年（1877年）所掘，深两丈余，水质“清洁晶莹，沁心适口”。因掘井时获铜钩一具（估计是六朝时期汲水所遗），故取名铜钩井。井沿有铁笔篆书铜钩井三字，并有廖纶所书边款，说明此井来历。

7. 武庙闸

武庙闸位于湖的南部，解放门附近，是玄武湖的主要出水口。

东吴宝鼎二年（267年），孙皓在此开城北渠引后湖水流入新宫；宋大明三年（459年）又在此作“大窦”引湖水入华林苑天渊池。明初朱元璋建造南京城时一并设计、建造了该大闸，时称“通心水坝”，其工程设计在当时达到世界一流水平。清同治时，因其南有武庙，改称武庙闸。又因其在古台城附近，又有人称之为“台城水关”。1986年，公园重建“武庙古闸”景点，由方亭、观景轩、三曲长廊、赑屃驮石碑等建筑组成，工程面积154.48平方米。此处环境清幽，既可听水头跌落之声，又可望东西遥对的三藏塔与药师佛塔，是玄武湖的主要景点之一。

二、瘦西湖

瘦西湖位于扬州市西北郊，现有游览区面积100万平方米，其中水面几乎占一半。六朝以来，即为扬州城外著名的山水园林，堪与杭州西湖比美，历代诗人文豪描绘极多。唐李白有诗云：“故人西辞黄鹤楼，烟花三月下扬州。”“烟花三月”时扬州风景之美，皆荟萃于瘦西湖。

瘦西湖水道的形成，历史悠久，它本是隋唐以来扬州城的城壕兼泄洪河道，原名保障河，亦名保障湖、炮山河。清朝时，康熙、乾隆二帝曾数次南巡扬州，当地的豪绅争相建园，遂得“园林之盛，甲于天下”之说。从天宁寺御马头到蜀冈平山堂南麓，“两堤花柳全依水，一路楼台直到山”，在十里长的湖区两岸，“几无一寸隙地”，创造了巧夺天工的湖上胜境，在我国古代园林史上独树一帜。

钱塘诗人汪沆来到扬州，看到处处烟波楼阁，阵阵芍药歌声，觉得与杭州西湖十分相似，尤以清瘦为长，遂吟诗一首："垂杨不断接残芜，雁齿虹桥俨画图。也是销金一锅子，故应唤作瘦西湖。"于是，瘦西湖的美名便不胫而走，流传后世。1988年，被国务院列为"具有重要历史文化遗迹和扬州园林特色的国家重点风景名胜区"。

瘦西湖为我国著名的湖上园林，窈窕曲折的湖道，串以长堤春柳、四桥烟雨、徐园、小金山、吹台、五亭桥、白塔、二十四桥、玲珑花界、熙春台、望春楼、吟月茶楼、湖滨长廊、石壁流淙、静香书屋等两岸景点，移步换景，赏心悦目。"瘦了西湖情更好，人天美景不胜收。"瘦西湖正以其清瘦淡雅、秀丽多姿的独特风韵，迎接来自八方的嘉宾。

1. 长堤春柳

起初，长堤始于虹桥西首，逶迤5千米至蜀冈。沿堤有五景，首曰长堤春柳，为清乾隆间盐商所筑，嘉庆、道光后荒废。1915年建徐园时，修复虹桥至徐园一段，即现在的长堤春柳。堤西高阜迤逦，林木葱葱；堤边湖石围拢的三处花景里，种植四季花草。另外还有一片水杉林和两岸的碧桃林，点缀着长堤之景。

长堤中段有一亭，临水而设，悬"长堤春柳"匾额，为清书法家陈重庆手笔。依栏小憩，湖风习习，沁人心脾。"扬州宜杨"，沿堤遍植杨柳，间以碧桃，烟花三月，长条散风，游人如入画中。

2. 徐园

位于长堤尽头，建于1915年，原为清代桃花坞故址。桃花坞是当年湖上观桃花的胜地。《扬州画舫录》对此描述甚详："桃花坞在长堤上多桃树"，"北郊桃花以此为最""白桃花以东岸江园为胜，红桃花以西岸桃花坞为胜"。今植有桃林约4000平方米，春日灿若红霞，蔚为壮观。桃林西侧瓦墙上嵌"桃花坞"石额，以存"千树桃花万年乐"之胜境。1987年，电视连续剧《红楼梦》摄制组曾于此拍摄"黛玉葬花"一节。

进园门，是一方荷池，缘池缀以山石，环植桃柳，池东有水渠与湖通，渠上架青石小桥。绕池东行，但见泱泱清波，桃柳交柯。

过小桥，经碑亭，有面南正厅三楹，宽敞雅致，匾额"听鹂馆"三字，取杜甫诗句"两个黄鹂鸣翠柳，一行白鹭上青天"之意。有联"绿印苔痕留鹤篆，红流花韵爱莺簧"，此为清同治状元陆润庠撰写，道出了园景的精华所在。

馆前为开阔的冰裂纹平台，墀前对植两株白玉兰，旁有一对相传为镇水之物的大铁镬。铁镬直径2米多，斑驳锈迹给人以沧桑之感。

听鹂馆东南为四角攒尖式碑亭，亭内《徐园碑记》为仪征吴恩棠所撰。听鹂馆之西为春草池塘吟榭，取谢灵运诗"池塘生春草"之意。榭为歇山式，前庑后廊。后廊壁上嵌有《冶春诗社记》碑。后廊复接七折曲廊通向疏峰馆。榭之西南隅有小门通冶春后社。后社精舍三间，极为幽静。清末民初，扬州文人雅士常以此为聚会之所，康有为等诸多知名人士都被聘为后社诗友，留下了许多诗篇。

3. 小金山

原名长春岭，乾隆年间盐商程志铨集资，挖湖堆土而成。岭上多梅，岭东垣门因题"梅岭春深"，今东坡仍是观梅胜地。山上有风亭，中有观音阁，下以月观、棋室、书屋、琴室、关帝庙、草堂、玉佛洞诸景环绕，错落有致。

风亭位于山顶，四角攒尖顶，翼角飞翘，有凌空欲飞之势。登亭远眺，南望瓜埠，北眺蜀冈，左右湖山，尽收眼底。亭上有楹联"风月无边，到此胸怀何似；亭台依旧，羡他烟水全收"，联句巧嵌"风亭"二字，写景述怀，逗人情思。

关帝庙，原称三义庙，现寺庙已不存。但两棵乾隆年间栽植的银杏却郁郁葱葱，高耸入云。院内置一钟乳石天然大云盆，相传为"花石纲"之遗物。

观音殿，俗称小南海，内置汉白玉观音大士像。殿前石额"香海慈云"，乃从净香园移此，取名于金棕亭"慈云一片香海中"诗句，殿前有寒竹松风亭，亭下有玉佛洞。

小金山西侧有四面厅，坐东朝西，高敞明洁，悬"湖上草堂"四字匾，为清代大书法家扬州太守伊秉绶手笔。堂西十步，面南建一厅，匾曰"绿荫馆"，为当代国画大师刘海粟题书。

绿荫馆西，有岸柳成行的长渚，宽丈许，长百余步，直插湖心。长渚尽头有阁临水，即吹台，相传乾隆皇帝曾在此垂钓，所以又称钓鱼台。

钓鱼台四壁皆门，由于所处位置极佳，其框景艺术之高超，向为造园家所称道。从东门外远眺，南圆门成椭圆，摄入竖立云表的白塔，西圆门成正圆，内框横卧波光的五亭桥。这一竖一横形成了一幅绝妙的美丽画景，成为绘画、摄影绝佳之处。

小金山南侧为月观，单檐歇山式，面东临水而筑，三面廊，饰以雕花水槛，窗棂空阔。室内陈设精美，墨翰生香。梁上悬"月观"横匾，上有长跋，乃陈重庆所撰。梁柱上集郑板桥诗句："月来满地水，云起一天山。"中秋时节，丹桂飘香，静影沉璧，游人到此，尘襟俱涤，诚为观月之佳处。

4. 四桥烟雨

四桥烟雨即黄园，位于瘦西湖东岸，与小金山隔湖相望。原名员园，清康熙年间所建，后归奉宸苑卿黄履暹之黄园。乾隆临幸时赐名“趣园”。四桥烟雨楼为面西二层三楹，花脊，歇山板瓦顶，四面廊，面南底层全槅扇，二层为半墙槅扇。1990年于主湖道上架叠黄石春波桥，并在桥畔岛上置亭一座，别有情趣。

四桥烟雨景区之胜贵在借景。登楼极目所致，南面的大虹桥、春波桥，北面的长春桥，西面的小虹桥、五亭桥、藕香桥尽收眼底。若雨中登楼，瘦西湖空蒙变幻，尤能领会四桥烟雨之佳趣。

5. 五亭桥

建于乾隆第二次南巡时。此桥模仿北京北海桥和五龙亭的构造，将桥亭合二为一，建成“上置五亭、下列四翼、洞正侧凡十有五”的亭桥，成为我国桥梁建筑史上的杰作，因建在莲花埂上，五亭似绽开的莲花，故又名莲花桥。

桥长65米，宽7米，横踞瘦西湖中央。宏伟的梯形桥身用青石叠成。中央主亭最大，三层飞檐，四角各连一亭，又以廊檐连成一片，气度非凡。檐顶黄色琉璃瓦覆盖，金碧辉煌。每亭四角飞翼，构成飞动之势。四角系以金铃，风来清音悦耳。亭内彩绘五龙藻井，瑰丽绚烂。桥周曲尺型巨大石栏上，雕塑小狮二十四只，神态各异，玲珑可爱。桥下十五个拱形桥洞，中间一洞最大，可通大型画舫；洞洞相连，可通小游艇。每当满月之夜，各洞衔月，倒悬波心，不可捉摸，成为瘦西湖上又一处赏月抒怀的妙境。

6. 凫庄

位于五亭桥东侧，面积600多平方米，建于1921年，原是乡绅陈臣朔的别墅。

凫庄构景最大特色是尽量取小，纤巧玲珑。东为水榭，临水平台围以白矾石栏杆，岸种杨柳，并栽芙蓉；北岸矶石突入水际，上连湖石假山。山上花木扶疏，藤萝缠绕，野趣横生。庄西水阁数间，以曲廊周接假山，临流把钓，荷香鱼跃。庄南水楼三楹，以曲廊与阁通。不规则的荷池位于庄中，环植梅、桃数株，旁置土阜，筱竹几株，又叠一湖石，约人高，宛如老叟立于松柏之下。

凫庄似浮若泅，庄上亭、榭、廊、阁小巧精致，山池木石缀置得宜，正如《望江南百调》所歌：“亭榭高低风月胜，柳桃杂错水波环，此地即仙寰。”

7. 白塔

位于五亭桥南，建于莲性寺内。莲性寺原是扬州的一座古刹，原名法海寺，创建于元代至元年间，距今已近700年，康熙南巡时改称今名。寺内有夕阳双寺楼、云山阁诸胜。寺四面环湖，南侧有拱形石桥，桥因寺名，称法海桥。因当年桥下遍植荷花，夏季莲香沁人，又名藕香桥。寺内建筑有弥勒殿、大雄宝殿与藏经楼等。

白塔为砖瓦结构，高三十多米，塔下筑台五十三级，象征佛教“五十三参”。台上筑塔，塔分三层。下层为方形台基，四周围以栏杆，中间的须弥座，每面各有三个小龛，每龛内雕一生肖，共十二生肖像，象征一年十二个月，一天十二个时辰。中层塔身为圆形龛室，形如古瓶，南面设“眼光门”，内供白衣大士像。上层称“刹”，呈圆锥形，有十三级，象征佛教“十三天”。刹顶置六角形宝盖，角端悬挂风铃，上托一只黄铜葫芦顶。白塔高耸，挺拔秀美，成为全湖造景点睛之笔；与城南文峰塔遥相对峙，堪称邗上巨观。

三、花果山

花果山风景区是国家级重点风景名胜区。景区面积86.3平方千米，规划面积110平方千米。花果山又名清风顶。据明代顾乾的《云台山志》记载：“成化己酉，有鲁府王孙落发为僧，持钵于此，爱其山水幽峻，可以参禅，因募资重建，师号清风，久而遂以清风名顶”，它是南云台七十二峰之一，距城10千米，是连云港市郊区的著名风景游览胜地，素有“东海胜境”之誉。《山海经》《江南通志》《云台山图识》等都有记载。

景区的玉女峰海拔625.3米，是江苏省最高的山峰。古人曾描述了这里的美好景致：“四季好花常开，八节鲜果不绝。”入得山来，沿着曲折整齐的盘山公路一路行去，但见大村水库波光粼粼，千年古塔巍然耸立，“自山下至清风顶，经竹节岭，过南天门、九龙桥始诣圣宫，百步九折，扪历层峦，真仙界也”，此即顾乾志书所载云台山三十六景之一的“仙境朝参”。驻足九龙桥仰望，顿觉空间豁然开朗，“半壁江山”犹如一幅巨大精美的山水画在眼前铺展开来：怪石林立，溪水叮咚入耳，林木掩映中隐现出以三元宫为中心的系列古建筑，金碧辉煌，毗连霄汉。优美的山水园林风光数百年来吸引了无数的墨客骚人到此一游，留下了众多的诗文题咏。特别是古典名著《西游记》的问世，更为花果山增添了迷人的光辉。

1. 海清寺塔

该塔屹立在花果山脚下，大村水库之滨。该塔背依青山，面临千顷碧波，波光粼粼，塔身亭亭玉立，倒映在湖光山色中，互为辉映，景致颇具特色，它是山水风景园林中极好的一处古建筑，被明顾乾列为云台三十六景之一的“古塔穿云”即是此处，该塔九级八面，高40米，每级东、西、南、北各辟券门，其余四面砌隐出直棂窗。外壁内绕以走廊，中砌八边形塔心砖柱，砖柱内有梯级，踏步可沿级而上刹顶，正是“九级云梯攀到顶，一天星斗喜垂肩。关心海岛千山雨，放眼齐州九点烟。”塔的外观稳实健拙，底层施一上下叠涩腰檐，二至九层为平座叠涩腰檐，连接它的断面两侧挑出腰檐各点的弧线，俨然现今数学上很规则的抛物线。整个建筑结构严密合理，线条明快秀逸，风格雄浑古朴。

海清寺塔虽然处于山脚的斜坡上，而且自建成以来先后经历了14次山崩，特别是康熙七年（1668年）发生的大地震，《海州志》记曰：“城倾十之二三”，但此塔却能栉风沐雨，岿然屹立，至今未发现不均匀下沉，也未发现塔体明显倾斜，当真无愧于塔南门楣上“根深蒂固”四字刻石了。

2. 南天门

坐落于花果山登山十八盘所在的竹节岭顶峰，与三元宫、玉皇阁遥遥相对。南天门的前殿门为明代拱形建筑，下有石阶。由于地处岭巅、大涧之旁，山势豁达，云开天朗。青峰顶诸峰如列屏障，三元宫建筑群楼台亭阁掩映于云烟之中，居高临下，一关耸峙，众山皆小。立身南天门如置身云端，使人有登天门之感，故有“南天门”之称。云台二十四景曾将南天门列为“云护天门”一景。清道光年间，南天门有过一次修缮，两江总督陶澍曾题有“高镇南天”的横匾。虽然南天门整个建筑现已倾圮，但遗址犹存，门楼高耸，横匾依然高挂。其他石刻浮雕，多为花卉以及象征吉祥的三吉瓶。

3. 迎曙亭

始建于明朝，位于玉女峰顶，为一仿石六角亭，高十余米，突出顶峰，风格朴素，是目前我国最大的金石结构亭。玉女峰为云台主峰，海拔625.3米，是江苏最高峰。攀上玉女峰，立亭下极目四望，但觉千山皆小；俯视千峰万壑，临风振衣，阵阵烟云从身边飘过，仿佛在空中云游，这时方觉“登峰宜造极，造极即登天”“绝顶吾能到，飞升岂必仙”确为写实之笔。

遇上日丽风清，登峰四眺，海天一览，旖旎风光尽收眼底。明云台山三十六景中“山楼望日”及后来云台山二十四景中的“红涛浴日”均指此处，是观日的绝佳处。

4. 水帘洞

是花果山风景园中最著名的景致，位于山巅，在三元宫的东侧。为一向南的自然洞穴，洞中宽大宛如堂奥，清泉纷挂，洞口崖缝滴水，点点坠落，恰似冰晶玉球，串以成帘，故名。洞外石壁上有“水帘洞”“灵泉”等题名，其上有明代“神泉普润”“高山流水”二块勒石，笔势雄浑而豪放。此洞在与吴承恩同时代的文人张朝瑞所写碑记里已有记载，《西游记》中将其写成孙悟空的老家。洞外西侧尚留有清道光皇帝为两江总督陶澍写的“印心石屋”真书题勒。现洞已里外整修，供人们游览观赏。

5. 照海亭

处于水帘洞侧200米，为四方形、单檐四角攒尖顶的两层亭式建筑，始建于清光绪二十九年（1903年）。它采用中国古典园林的传统手法，巧妙利用周围奇特的山石，在海天洞上精心营造，使其成为洞、亭、水，石巧妙结合、浑然一体的园林景点。与一般园林亭榭相较，此亭有两大特点：一是此亭以墙代柱，四面围以白墙，四面开启的敞亮轩窗给人以宽阔的视野；二是考虑周围诸多高大巨石遮蔽，照海亭设计了两层，突出于诸巨石，而第一层则和海天洞相通，主要起到了加宽海天洞的作用。

照海亭下接海天洞，它是晚清和尚悟五设计的，故又名悟五洞。悟五趁赴远方募化的机会，游历名山古刹，学习古代园林的营造法式，“研求物理”，“参学仪规”。到花果山后，他爬遍了七十二洞附近的每个山坡，剔除被苔藓泥土淤塞的自然洞隙，使海天洞上下四旁连成一片，成为七十二洞中最大的一个山洞。洞内或凸或凹，或敧或侧，窗渺幽深，可坐可卧，像一座有客堂、有内间的房子。游人入洞，会怀疑自己“不在人间”了。因此，许多来此游览的墨客骚人在洞对面、洞附近的石壁上题下了“别有洞天”“别有天地”的赞辞。海天洞整理完毕，悟五又觉得洞内远不够开阔，洞上又缺少险峻的奇峰，于是就创建了照海亭。飘逸的飞檐，金黄的宝顶，富丽堂皇，巍然入云。登高四眺，周围的山石、涧水、植物一览无余，真可谓海天阔地。为方便由洞内登亭，悟五又设计了从洞右凿穴而成的富有野趣的蹬道。清人武学澍形容这处蹬道为“蛇蟠蚓屈如史公书”。而入亭的小门可启可闭，俯临幽谷，仰接高轩，有“一夫当关，万夫莫开”之险要气势。亭成之后又因无水，悟五匠心独运，从数十丈外的海曙楼前，在峭壁峻岭上穿凿洞眼，驾起木制的渡槽将山水引入。这些“源源而来，不分昼夜”的水，可润花，可溉圃，可洗砚，可煮茗。亭之背侧有许多气魄宏大、通体皴裂的巨石，或若鱼之口，人可以进出于鱼口之中。这些巨大的石头正处在山之正顶，耸入云表，堪称照海亭稳健的倚托，故亭有“倚天照海之亭”之称，至今刻石犹存。亭之周围错落置立着众多的奇石，三五成群，各显姿身，较之江南园林的叠造假山，更觉自然天成，野趣横生。

6. 娲遗石

这是花果山山水风景园林的精华所在。由照海亭沿蜿蜒石阶东向，两边巨石崔巍，荫翳蔽日，曲折幽静。石阶尽处，有一石横卧，上书“小蓬莱”。转过横石，眼前为之一阔，虽四周巨石巉岩，但却无高大林木遮蔽。奇石林立，茸茸绿草层生。前方有一水池，水尤清冽，临之遍体生凉；水池旁石壁上刻有“阿耨达池”，意为天下之水皆源于此。顶有一块大石，高5米余，宽7米余，下开一缝，缝内夹着一块1米余的椭圆形石块，底部悬空，欲落不坠，很像从大石里迸出来又夹住似的，上刻“娲遗石”三字。传说，孙悟空就是从这块石卵中迸裂出来的。缝前，尚有一块很像半个蛋壳状的石块，边缘破碎，参差不齐，破口朝着娲遗石。这块卵形的娲遗石顶部有一个自然猴头，背后的大石又像一个驼背的老猿，尖嘴、削顶，鼻眼皆明白可指。两猴状极亲密，似在亲吻。至此，人们对照《西游记》第一回《灵根育孕源流出，心性修持大道生》中的描述，两者可对照。三分人工，七分自然，游客至此，细细品味，情趣横生。

7. 九龙桥

又名万寿桥，建于明万历十五年（1587年），是一座具有民族特色的砖构拱桥，长33.4米，宽8米，高20米，桥拱顶高耸，拱门长跨，结构隐建，桥头茶庵曾有一古楹联赞誉此桥“一庵同饮赵州茶”，将它与著名的河北赵州桥相类比。

九龙桥上依苍翠斑斓、白云缭绕的琵琶岭，下临九涧汇合的九龙口，一桥锁九涧，有九涧争流之称。每当夏秋季节暴雨降临，山洪沿九条涧沟奔腾而下，气势恢宏如九条游龙汇集桥下，水流冲击，浪花四溅，响声若雷，故名九龙桥。立于桥上极目远望，但见青山半壁，层峦叠障，三元古庙的朱阙亭阁隐现其间。飞瀑悬空，萦纡四折汇于桥下。桥头有一棵五六人才能合抱的千年银杏，垂荫四被覆盖桥面。顾盼左右，庙宇楼台与拱桥相映生辉。如此美景相继被列为明云台山三十六景之一“长桥飞瀑”、清二十四景之一“龙桥喷雪”，实为花果山的第一胜境。

8. 八戒石

位于花果山水帘洞东，由一组巨石巧相构搭，俨然一尊天然的猪八戒头像：头着僧帽，拱嘴向东伸入树丛中，双眼眯缝，大耳敛于腮，作熟睡鼾呼之态，神形毕肖，栩栩如生。而趋之细察，却发现这一组山石自然搭叠好几个相连的洞，而横穿这些洞的两个进出口，恰好像从猪八戒的一个耳朵里进，另一个耳朵中出，奇趣横生。尤其是大耳朵样的巨石从脑后挂下来，"两石相对，高数十丈，交其头而离其身，中露一线，宽尺余。从缝中望石外天色，才如一线，号称佳境"，形成了花果山上一处独特的景点——一线天。旁有啸云、朝阳诸洞，承露石、说经台分别在左右侧。其间名人题刻最多。明顾乾将其列为云台山三十六景之一，清黄申瑾将其列为云台山二十四景之一。

四、滕王阁

滕王阁，江南三大名楼之一，位于江西省南昌市西北部沿江路赣江东岸，始建于唐朝永徽四年(653年)。贞观年间，唐高祖李渊之子、唐太宗李世民之弟李元婴曾被封于山东滕州，故为滕王，于滕州筑一阁楼名以"滕王阁"(已被毁)。后滕王李元婴调任江南洪州(江西南昌)，因思念故地滕州，修筑了著名的滕王阁，此阁因王勃一首《滕王阁序》为后人熟知，成为永世的经典。

主阁共九层，总建筑面积约1.4万平方米。高台以下两层地下室，高台以上七层为主要游览层，采用"明三暗七"格局，即三层明层、三层暗层及屋顶设备层。主阁总高度为57.5米(从最底层至屋顶鸱吻)。所有明层均有平坐挑出，形成上部绕阁回廊，游人至此，凭栏四眺，江山胜景，尽收眼底。

滕王阁与湖北武汉黄鹤楼、湖南岳阳楼并称"江南三大名楼"。历史上的滕王阁先后共重建达29次之多，屡毁屡建。2001年1月核准为首批国家AAAA级旅游景区。

1. 匾额　楹联

主阁的外部匾额分四层设置，东、西正立面最高层之重檐下设"滕王阁"三字大匾，为宋苏轼手书，匾尺寸为宽2米长5米，三层按朝向设四块匾，东为"东引瓯越"，集唐褚遂良所书《圣教序》中字而成；南为"南溟迴深"，集颜真卿字；西为"西控蛮荆"，集爨龙颜碑字；北为"北辰高远"，集汉代《张迁碑》字。二层匾额，东为"江山入座”，西为“水天空霁”，南为“栋宿浦云”，北为“朝来爽气”。此四匾原为清蔡士英重修滕王阁时所拟，诸匾字体乃集李邕、米芾、柳公权、黄庭坚等人字体，精心放大而成。一层有四块匾，正东为集怀素狂草之“瑰伟绝特”匾，正西为集王羲之字的“下临无地”匾。南北之高低廊檐下为今人启功书“襟江”及吴作人书“带湖”二匾，主阁内部匾额较少，第一层西大厅西墙上有白栋材书写的“西江第一楼”金匾。第二层人杰厅西厅正上方有“俊彩星驰”一匾。第三层西厅为宴游厅，西墙上方有“高朋满座”一匾。第四层地灵厅上方为“雄峙”一匾。第五层中央大厅墙上有苏东坡手书《滕王阁诗序》的铜板镌刻，两侧为“翰墨”“丹青”，二厅均有匾：第六层古戏台在中央藻井上部有“九重天”篆字匾一块。

主阁楹联为摘古今人所撰之精华而用之，书写者均为当今国内外书法名家。其中以一层抱厦柱上悬挂之长4.5米的不锈钢楹联“落霞与孤鹜齐飞，秋水共长天一色”为最珍重，此联手迹是毛泽东生前为赠送其儿媳邵华所书。一层东厅一联为清代姚棻所撰，陶博吾先生所书“我辈复登临，目极湖山千里而外；奇文共欣赏，人在水天一色之中”。

西厅一联为美籍华人刘汉屏撰联，是阁中最长之一副，共八十六字：“高阁此登临，数历代名贤，领千载风骚，地灵人杰，云开五岭，美尽东南，须知远海波扬，犹羡唱晚渔舟，气腾彭蠡；匡庐遥在望，阅古今兴替，纪百年功过，秋去春来，脉络三江，光辉寰宇，赢得群伦景仰，长忆阳明白鹿，道贯九州”。另一联是名家沙孟海撰的二十八字联“杰构鼎新，依然飞阁流丹，层峦耸翠；贤才辈出，不让睢园绿竹，邺水朱华”。二层中厅有一佳联，为清代婺源知县江峰青所撰：“有才人一序在上头，恨不将鹦鹉洲踢翻，黄鹤楼搥碎；叹沧海横流无底止，慨然思班定远投笔，终子期请缨。”三层外廊有清进士宋延春所撰联“阁中序播千秋，重认长州鸿印迹；江上帆收万里，恍疑华表鹤归来”。在五层有全球楹联协会会长纽约潘力生先生以隶书撰书的对联：“高阁识中兴，耸翠流丹，把酒试论陵谷变；骚坛驰夙誉，长天秋水，凝眸不尽古今情。”

2. 滕王阁铜器

在滕王阁正东抱厦前有青铜铸造的三足“八怪”宝鼎，乃仿北京大钟寺“八怪”鼎而造。三层西大厅东墙上有铜浮雕《唐伎乐图》，陈列品有仿春秋时代铜器文物复制品：虎牛祭案、牛头鼎、人面鼎、罇等六件。五层中厅屏壁上，镶有用黄铜板镌刻之《滕王阁》序，乃苏东坡手书。西大厅内有铜制对联一副，为宋人旧联，文曰：

“南浦云开,秋水共长天一色;西山两霁,落霞与孤鹜齐飞。”六层古戏台上陈列有湖北随州出土的曾侯乙青铜编钟的复制件,共二十四件,可进行演奏。另外在一层西大厅还有铜制滕王阁1:25模型一座,底座用汉白玉雕成,堪称精品。在滕王阁园区内还分布有十二座形态各异的十二生肖铜雕。在园区东端汉白玉牌楼前有马踏飞燕的铜雕一座,为旅游局标志。

3.“九”数趣闻

滕王阁建成以来,由于各种巧合,和“九”发生了关系。有趣的是:(1)滕王阁是1985年重阳节开工,即阴历九月初九;(2)1989年重阳节竣工也是阴历九月初九日;(3)从外地坪至主阁二层高台的大踏步共计八十九步(正巧合1989年竣工之数);(4)主阁的屋顶是重檐歇山屋顶,在宋式中称之“九脊顶”;(5)滕王阁正巧又是共九层楼,因此最上面一层取名“九重天”;(6)滕王阁外部所悬匾额的饰边全部用“九”条龙图案,称之“九龙匾”;(7)而最底层的柱子直径是90厘米;(8)沿江边是数百米白大理石栏杆,有“九”根石雕盘龙灯柱。

4. 玉坊迎宾座

在园区南端有一座白色大理石雕制成的四柱五层楼的牌楼,高、宽均为10米,完全是徽州地区风格。四根立柱前后共有八座石狮,中间四狮为坐狮,两边四狮为倒爬狮,即后腿在上,头俯冲于下,形象独特,也是徽州所特有。在牌楼正中额枋上,南北雕有两块石匾,南面为“荣戟遥临”,北面为“美尽东南”。牌楼即为园区的南大门,游客由此进园。整个牌楼上共雕刻龙三十三条,狮十只,虎一只,兔一只,鱼两条,珠十个,铃十个,球十个,灵芝两枝。

5. 长堤波光

在园区西边,下临赣江,建有一道二百多米长的花岗石长堤,上面有白色大理石栏杆,采用宋代石作样式。栏板雕有夔龙纹,栏杆柱头是云纹雕饰。整个栏杆如一条白玉带横亘于赣江之畔。游人徜徉江岸,扶栏远眺,波光帆影,西山远黛,江树沉沉,云天相接,使人悠然感怀不已。明张超有诗云:“清甃开虚阁,阴森草树浓。衣香移薜荔,幔影浸芙蓉。林吹凉如水,江云舞作峰。波澄天万顷,直取荡吾胸。”栏杆中有九根盘龙灯柱,夜间华灯四照,有如江上一串明珠。堤边均花岗石铺地,宽广而清洁,建有花坛,已成最好之游息佳景。

6. 曲桥廊亭

此景在主阁北侧，有一曲桥越过阁前池水而连接两岸。桥上建有曲廊及双亭。亭为五角单檐、绿琉璃瓦顶、苏式彩画。大红柱子、廊子及亭地面均铺以青石板，部分用碎大理石拼花。在廊亭上，游人常在此休息观赏。或戏引池鱼，或遥赏楼阁，或披襟迎风。周围广植垂柳，掩映依人，浓密可喜。沿池遍布太湖石及石凳，游客多喜在此小憩。

7. 潭影风荷

在主阁南侧，阁前池水中建有三潭，为汉白玉雕成(如杭州西湖之三潭)，成鼎足之状分布。潭内装有灯，夜间光射池上，如小小灯塔。在夏日，池内植荷花，暗香阵阵，出水芙蓉与三潭相映，意味盎然。

8. 绿野寻踪

在园区南区有一大片草坪，十分怡人。在草坪上广植各种奇花佳木，有广玉兰、樟树、松树、竹等，还植有许多日本樱花，其中有一株是日本高松市代表团栽种的。在树丛中布有小径穿行其间，曲折迂回，是游人最爱散步的地方。草坪间，或堆以怪石，或立以铜雕，在草坪边缘临水池的地方，还建有大理石凉亭一座。

9. 仿古夜市

在园区东面广场两侧，有两条仿古商业街，专营各种土特产品及工艺品，还有风味食品及快餐店，其建筑均设计成古建筑形式，屋顶大部分为硬山，少部分做卷棚歇山。有的门面做成牌坊式。有的采用垂花门式，在组合方面比较灵活，并在建筑之间巧妙安排一些小庭园，栽植花木。每当天气晴和，夜幕降临，此地人流熙攘，一片兴旺之景。

10. 阁内壁画

滕王阁每层均设有壁画及壁刻。一层东厅正面有汉白玉大型浮雕“时来风送滕王阁”，是根据冯梦龙所著《醒世恒言》中的《马当神风送滕王阁》故事创作。浮雕中王勃站立船头，顺风飞驰滕王阁，并在周围刻有故事发展的情节，如风神托梦、阎公高会、登阁挥毫等等。

二层是古代名人大型丙烯壁画《人杰图》，20多米长，近70平方米。画面上生动地描绘了自先秦至明代江西历代名人，尽管每人差异很大，但均统一在画面中，十分协调。画风有永乐宫壁画之遗风，堪称一绝。

三层中厅壁画为丙烯壁画《临川梦》，取材于汤显祖在滕王阁排演《牡丹亭》故事。

四层正厅壁上是长达26米的大型丙烯壁画《地灵图》，再现了江西“钟灵毓秀”的山川景色。其中有从梅关、三清山、龙虎山、井冈山、圭峰、庐山、石钟山直至鄱阳湖口的风光。画面大气磅礴，衔接自如，使人神游其中。

五层西厅有漆画《百蝶百花图》，取材于当年滕王李元婴爱蝶，并擅长画蝶之故事，画面色彩绚丽，群蝶飞舞于花丛之中，象征中华文化之发扬光大。

六层两侧墙上，各镶嵌一幅大型唐三彩壁画，南墙上是唐代女乐舞蹈，其中有柘枝舞、胡旋舞和霓裳羽衣舞。北墙上是男乐舞蹈，是表现秦王破阵乐等男性粗犷的舞姿。

五、洱海

古称叶榆泽，又名昆明湖，在云南省大理城东约2千米处，是我国著名的高原淡水湖之一，因其形似人耳、风浪巨大如海而得名。它北起洱源县，南至下关，长40千米，东西宽7~8千米，平均水深约10米。

洱海自古就很出名，西汉时，武帝遣使由蜀通西域，在此受阻，故在长安御苑上林苑中凿昆明池以训练水军，成为我国古典园林中挖池堆山的著名范例。唐宋时，它与西边的苍山一起，成为当时云南地方政权南诏国都城附近很繁华的山水风景园林，遗留至今的古迹名胜比比皆是。

就自然条件而言，洱海的自然风景在我国诸多城郊山水风景园林中是独占鳌头的。苍山在大理城西，洱海与漾濞江之间，属云岭横断山脉，它北起自洱源，南止于下关天生桥，造化似乎将它与洱海相配，山南北横列，为洱海天然屏障。山中共有19峰，嵯峨壁立，挺拔峻峭，高一般均在3000米以上，主峰马咙峰，海拔4000余米，山顶终年积雪。山上18条溪水悬流飞瀑，雷霆轰鸣，自群峰下泻东流，终年不绝。而洱海接纳如许溪流，湖水充沛，清澈碧绿，波光粼粼，与苍山积雪交相辉映。高原气候变化多端，山中云雾有时如玉带横束山腰，有时又浓如泼墨；湖面有时平静如处子，有时又风大浪急，成为风景园林气候景观很重要的素材。

1. 团山

即洱海公园，原为洱海南端、下关东北2千米的一座小岛，后因水位下降，成为与南岸相接的一座小山，成为南诏国皇家苑囿的养鹿场。团山是观赏银苍玉洱的最佳观景点，原山上建有楼观，后圮毁。1976年扩建为园林，山上亭台长廊，按古代传统园林建筑设计，成为人们登山赏景的好去处。公园现占地约106万平方米，巅峰海拔有2049米，从山下循石砌台阶可至最高点的观海楼。

楼为黄琉璃瓦重檐歇山顶木构古建筑，外观轩昂雄伟，内部雕梁画栋，颇具皇家气概，两侧复建有亭台小筑，之间用青瓦朱柱长廊相连。整座团山，林木极好，终年郁郁葱葱，除了园林常见的松柏古木，山上更植有当地的特色花木，如名贵山茶、杜鹃、雪莲、紫牡丹、观音柳等奇花异草，颇引游人注意。但最能让人们心旷神怡的是登楼赏景。这里地处洱海南端，向北眺望，百里湖光山色尽入眼底，正中是烟波浩渺的一片碧水，点点白帆，偶尔，清风送来阵阵渔歌。西岸是终年积雪的苍山十九峰，盘桓起伏，云雾缭绕。山下，大理三塔依稀可见。东岸，群山屹立，塔寺半露，岸边村庄，星星点点，田畴似锦，阡陌纵横。最奇的要数洱海的四季景色变化。春天，碧波荡漾，映入天光云影，色彩诡谲，变幻莫测。入夏，群峰苍茫，把海水染得澄碧如玉，成群水鸟随波蹁跹，犹如星光闪烁。金秋，天高气爽，蓝天白云倒映于平湖之上，缱绻难舍。冬季，皑皑苍山，银装素裹，朔风吹过，海面波起浪涌，一派萧肃景象。

2. 金梳岛

又称“串涝”(白族语海岛之意)，如一颗明珠镶嵌在洱海东南的湖面上，与洱海公园遥遥相对。距下关约7千米。由于洱海是断层陷落湖，在地理学上属碳酸盐类湖泊，岸线多沙洲崖壁，因而形成“三岛”“四洲”“五湖”“九曲”等较具个性的地形地貌。古人称之为“天生一派美人态”。金梳岛便是三岛中的最大者。岛南北长约800米，东西宽约200米，中部低而南北高，形似织梳，故名。古代，此处为有名的舍利水城，是南诏王的避暑之地，离宫别院曾辉煌一时，目前仍可挖掘到当时的断砖残瓦。岛上滨水处有村落人家，皆为白族渔民，户户青砖石墙，院内花草葱茏，清秀可爱。有趣的是，家家房前均置有影壁，富有浓郁的民族气息。

3. 小普陀

又称玉几岛，位于金梳岛以北约10千米的洱海水中央，全岛为一块巨大的石灰岩石构成，石高出水面约4米，四周均为岩壁，壁带有一定坡度，顶部平坦，形似一玉几，故名。全岛甚小，总面积不足70平方米，上建有观音阁。因小岛位于洱海东部，附会东海佛国普陀山，故称小普陀。观音阁为一座小巧的传统楼阁式殿宇，平面方形，直接立基于小岛岩石顶部，四周有石板栏杆护围小阁两层，重檐歇山式，顶木构架明显升起，屋角起翘较大，歇山山花装饰较富丽，垂脊、博脊均饰有走兽泥人，尚留有元、明大理国的艺术风采。楼因规模小，总高仅7米，但在水茫茫、空阔无边的洱海中，却很是鲜碧夺目，特别是在细雨蒙蒙或朝雾暮霭中看去，岛影隐约，宛若天仙琼阁，景趣意浓，目前已成为洱海旅游线上重要景点。

图5.1　小普陀

4. 天生桥

位于大理市西，横跨于洱海唯一出水口西洱河上，桥高出河面达8.4米，长为5.5米，但宽仅1米许，此桥是自然造化的杰作，系苍山最南端的悬岩与对岸哀牢山的石脉自然相连而成的，故名，在地理学上也较有价值。相传此桥为三国诸葛孔明南征时七擒孟获之处，故当地又称天威径。桥自古便是西洱河两岸各族人民进行经济、文化交流的通道，又是人们赏峡谷急水的好地方。由于洱海水量充沛，从此峡直泻而南去，岸陡谷窄，水流湍急，飞珠溅玉，宛若梅花怒放，终年不绝，遂有“天生桥下不谢梅”之喻，成为洱海一景。

六、缙云山

位于重庆市之东，在北碚区与合川区境内，由九峰并列形成山岭风光。山上茂密的树林、优美的景色以及温泉等，构成了独特的景色，素有“川东小峨嵋”之称。缙云山面积197.28平方千米。1982年定为第一批国家重点风景名胜区，吸引着越来越多的游人。

1. 缙云寺

位于狮子峰南麓。南朝宋景平元年(423年)始建。唐、宋、明历代均有赐额，1932年在此寺创办世界佛学苑汉英教理院。庙因山得名，山因庙生辉，除大面积自然森林状其神外，庙后花圃梅、茶一片，更在严肃中增添一片柔情。

2. 狮子峰

缙云寺后的山峰，海拔864米，为九峰中最壮观者。峰顶筑有山寨，1938年于顶建太虚台，更增加临峰远眺之利，是东观日出、西望北碚闹市之地。山道旁缙云名木簇拥，楠竹荫蔽山沟，一阴一阳，道尽山地风光情趣。

3. 洛阳桥

缙云寺山门前的一座跨沟石桥，参天古树罗列其周，是正南入庙之孔道。宋代状元冯时行常在此读书。桥下有观月亭，为此景增光。

4. 北温泉

温泉寺所在地，庙因泉得名。南朝宋景平元年(423年)由僧慈应创建，北宋景德四年(1007年)赐"崇胜禅院"。1927年，卢作孚倡导兴建成北泉公园，成为一个名副其实的群众集资公共设施。它背靠缙云，面临嘉陵，属温塘峡地段。该地十个泉眼，七个在园内，由此造成水景，久负盛名。唐以来名人题咏不断，近代更是名人学者常往之地，至今留下很多石刻、诗赋。1989年以"北泉温泳"入新评巴渝十二景。

5. 石刻园

北温泉石刻园除石刻佛像外，在碑亭等处有石碑37块，宋1块、明6块、清18块、近代10块、不详两块，与历代诗咏相映成趣。

6. 钓鱼城

重庆市合川区东渡乡内，离县城5千米，面积2.5平方千米。渠江、涪江、嘉陵江于北、西、南三方而去。该岛为隆起山地，南宋嘉熙四年(1240年)在山筑寨，淳祐三年(1243年)改寨筑城，把合川、石照两县治所迁到山上，由此为城名。后经加固设防，在1243年—1279年36年间是抗击蒙军的最后堡垒，不可一世的蒙哥汗及前锋总帅汪德臣伤于城下，有"独钓中原""鱼台一柱支半壁"的美称。宋祥兴二年

(1279年)王立降元,至此,南宋最终灭亡。1961年列为省文物保护单位。1982年成为缙云山风景名胜区的一部分。1989年以“独钓中原”入新评巴渝十二景。

图5.2　钓鱼城

7. 护国寺

始建于唐,经明、清屡次重建、维修,以清道光十三年(1833年)之貌留存至今,对联为“城号钓鱼,三江送水开巴堑;寺名护国,孤嶂飞云控蜀江”,额“护国寺”。庙侧建忠义祠供奉抗元将领,祠内曾供奉降将,后人对此纷争不止,并有碑刻为记。

庙于岛顶平堤处修建,忠烈一堂为人仰慕之地。庙前有“独钓中原”石坊,明万历四十六年(1618年),进士李作舟手书,字径尺余。

8. 钓鱼台

护国寺前西侧临岩巨石,传说为仙人在此钓鱼解城内民饥,并有石孔曰插杆石。此处有黄葛树附岩而生,成为一处登高远望的景点,游人多在此留影,融自然风光与纪念物于一体。

9. 钓鱼城卧佛

钓鱼台侧的悬岩下,佛顺岩体的自然层缝而刻,长12米,宽近2米,按衣着定为晚唐作品。佛刻在岩层的凹缝边,成为佛门弟子夸耀其神秘奇特的得意之作。

第六章　纪念园林

第一节　概述

纪念园林相比于中国园林中的其他园林，是较为特殊的一种，是人类纪念情节物化于园林的一种形式。它不同于纪念性建筑和纪念性雕塑，而是一个更大的概念，其中包含了建筑、雕塑等人工因素和山水、植物等自然因素，并且功能也较复杂，更强调整体统一和有机组合。纪念是人类的本能，是通过对过往的人和事的回忆，以唤起缅怀和感悟，其实质是一种情感体验。通过纪念活动，人类不仅感知了历史和文明，而且丰富了个人和集体的文化意向，同时也促进着人类的文明进步。任何纪念活动的开展都需要有一个媒介，纪念园林就是其中的一种，它是一种对人或事表示怀念以及传承历史的综合区域环境，是人类的纪念情节物化于园林的一种形式。

我们常常见到的纪念园林往往是缅怀或纪念中国历史上的重要人物，或是思想家、文学家、诗人、哲学家，或是民族英雄和爱国英雄，或是影响历史的伟人，甚至还包括具有优秀传统精神而被人熟知的神话人物，比如女娲、伏羲等。它们已然成为中华儿女表达对于华夏文明的缅怀、敬佩之地。因此，纪念园林的景观主题可以归纳为以下五类：

一是陵墓类。在中国传统文化中，百善孝为先，因而中国人往往很重视丧葬风俗。后人往往会选择较好的自然环境安葬先人，为了便于祭祀和表达对先人的怀念之情，通常会以墓为中心，修建园林。陵墓类园林中，规模最大的是帝陵，比如秦始皇陵，明朝的十三陵，清朝的东陵、西陵等；其次是古代历史名人的陵墓，比如曲阜孔林、昭君墓、岳飞墓等；再次是，现代名人的陵墓，比如重庆北碚的张自忠烈士陵园。

二是庙宇类。在中华历史长河中，有太多熠熠生辉的人物被人们铭记，人们为了表达对他们的敬佩、喜爱之情，往往将他们的故事代代相传。而对其中的杰出人物还带有崇拜的情感升级，从而建造庙宇以纪念，比如关帝庙、妈祖庙、孔庙、轩辕宫等等，这些园林的景观和造型特点往往与寺庙园林有相似之处。

三是祠堂类。这一类纪念园林可以看作第二类的延伸，是民间级别的创造，同样是表达对于先人、对于祖宗、对于杰出人物的缅怀与崇拜。这一类型的纪念园林不像前两类庄严肃穆，许多著名诗人、书画家、哲学家都被民间立祠，拥有较好的园林风光。比如纪念杜甫的杜甫草堂、纪念李白的青莲祠等。

四是故居类。以名人曾经居住过的地方为主，这一类又往往与第三类交叉，比如成都的杜甫草堂，既是杜甫曾经居住过的地方，也是后人为了纪念他而于其中修建祠堂。古隆中则是诸葛亮曾经居住过的地方。

五是历史古迹类。文人墨客的题词吟诗之地，引起后人的遐想之情。这一类纪念园林是根据历史名人生活过、游历过的古建筑、古园林等为主题的。这类园林大多有较深的文化内涵，比如成都的望江楼，是唐代女诗人薛涛汲水制笺之地发展而成的古迹类纪念园林。

第二节　造园特点

纪念园林可谓各具特色，因为历史朝代、表现主题不一样，从而有不同的景观特征、布局风格。然而，我们还是能够从众多纪念园林中找到它们共有的、较常出现的造园特点。

首先，是浓厚的文化氛围。无论是帝王将相还是文人雅客，我们都能从他们的纪念园林中感受到古朴淡雅、历史悠久的文化气息。纪念园林中的景色也往往以名人的生平事迹、著作或是伟大贡献为主题，比如黄帝陵中，不仅有各个朝代文人、帝王的祭祀碑帖、祭祀文章，还有传说是黄帝亲自种下，距今已有5000年之久的松柏古树。整个黄帝陵呈现出厚重的历史感，具有很强的文化氛围。再比如许多纪念大文豪的园林，有其重要的诗篇、文章镌刻在碑帖上，或书写于纸、木之上陈列于厅堂之中，还有许多后世文人的纪念缅怀之词，常刻于匾额、对联中。诗词本身就具有极高的文化价值，加上与之映衬的祠堂、楼阁、花草、流水、山石等等，游览其中，让人感受到的是中华文明的沉淀之美。

其次，是严谨的空间构成。由于纪念园林特有的纪念属性，其构造表达的情感也比较统一，那就是表达人们的敬仰与思念，因而纪念园林的整体建构呈现出对称、庄严、单一的空间形式，通过轴线处理、重复排列等引导人们将视线集中于主体建筑，能够较好地传达纪念主题。比如明十三陵长达数里的石像排列，不仅呈现出皇家陵园的恢弘气势，产生庄严肃穆的氛围，还能够很好地表达对皇帝的哀思、纪念。

再次，是具有多种功能性的区域划分。为了更好地满足后人纪念先人的活动，纪念园林往往是多种功能性的、划区域的建筑，能够满足人们纪念、集会、游赏、休息等需要。比如山西太原的晋祠，进入祠门后，有一个三面开敞的戏台，面向圣母大殿，四周开阔，可容万人聚集，后面的献殿则是举行献礼、陈设祭品的所在，为开敞或半开敞的空间；而水镜台的设置则是为了老百姓能娱神娱人，能搭台唱戏，在朝山进香时又有郊游的意味。

最后，是公共性强。纪念园林往往知名度高，又散布于民间，很受老百姓的喜爱。特别是历史上著名的思想家、政治家、文学家、书画家的纪念园林，比如曲阜孔林，每年都会举行祭祀活动来提醒人们尊重、发扬、传承传统文化，再比如纪念王羲之的绍兴兰亭园，已经成为每年书法艺术节的举办地。

第三节　名园欣赏

一、古隆中

古隆中位于中国历史文化名城湖北省襄阳市。“襄阳城西二十里，一带高冈枕流水；高冈奇曲压云根，流水潺湲飞石髓。”这就是对地处文化名城襄阳以西拥有12平方千米风景地的古隆中山水景象的描写。古隆中有着丰富的人文景观和优美的自然环境，是三国时期诸葛亮青年时代躬耕隐居之地。诸葛亮在此地隐居长达10年之久，后刘备三顾茅庐请诸葛亮出山。可以说，隆中就是三国文化的源头。

西晋永兴年间，将军刘宏至隆中观诸葛亮故宅，命太傅撰文。盛弘之所著《荆州记》、鲍至的《南雍州记》、郦道元的《水经注》等地质史籍对诸葛故宅均做了记载。

诸葛故居经千年风雨，举目而视，但见隆山耸立、郁郁葱葱，乐山旋峙，逶迤通幽，旗山似门，岩峦合匝，三山环拱，冲谷相间。林间幽径、茅庐庙亭、廊台榭，处处都充溢着清泉。古隆中四时景色皆宜，武侯祠内千里飘香的古桂童童如车盖；古树院内随风起舞的圣柳姿态妩媚；三顾堂内有洁白如雪的绣球，小虹桥有清香溢的腊梅傲雪挺立；更有茅庐森森古柏，卧龙苍松翠竹，躬耕田内灿灿稻麦。这大自然的结晶与历史人文景观相融合，使隆中这个清幽的小山村披上了浓厚的山乡情、碧野趣。著名文学家罗贯中在《三国演义》中对其描述道：“山不高而秀雅，水不深而澄清；地不广而平坦，林不大而茂盛。”

古隆中牌坊建于清光绪十九年（1893年），是隆中的标志性景观之一。石牌坊高约6米，长约10米，其建造材料为青石开榫组装而成，依外观形式为柱不出头有楼，四柱三牌楼式。“古隆中”牌坊宽三间，中为中间，两旁为次间，四柱脚深埋土中，四周出土处铺地平石，柱前后及旁，以十个纹头砷石支撑。牌坊定盘枋斗口架正昂板，两正昂间置花板，并雕镂空花纹，以为装饰。正昂上平铺脊筒檐板，其檐板叉出发戗，戗角作鸽尾形。牌坊脊板两端并饰鱼龙吻，中央置火焰珠。中间上、下枋以“古隆中”字碑分隔，上、下枋面浮雕渔樵耕读及二龙戏珠，两边门柱正面雕刻“三顾频烦天下计，两朝开济老臣心”。

诸葛草庐是1987年重建的仿汉建筑。诸葛草庐按照诸葛亮当年居住的风格设计，陈设简单，一琴一剑、几卷书简而已，诸葛亮却能在这方寸之地洞明世事，纵论天下。

武侯祠是隆中传统十景之一，始建于唐，为隆中的主要建筑，坐落在隆中山的东山梁上，它是供奉诸葛亮的祠宇，整个建筑群雄伟壮观。祠内诸葛亮、刘备、关羽、张飞及蜀汉政权中功勋显赫的文武大臣塑像威武雄壮，栩栩如生，真是"山中有遗貌，矫蛟龙之姿"。武侯祠是清康熙年间重建的。它同先主庙、刘备墓相毗连。武侯祠主体建筑分大门、二门、刘备殿、过厅、诸葛亮殿五重，严格排列在从南到北的一条中轴线上。一进大门，浓荫丛中，矗立着六通石碑，其中最大的一通是唐代"蜀汉丞相诸葛武侯祠堂碑"，有很高的文物价值，被称为三绝碑。唐朝著名宰相裴度撰碑文，书法家柳公绰书写，名匠鲁建刻字，都很精湛，因此被称为三绝碑。

襄王陵是诸葛草庐故址，(草庐亭旁)一个占地约100平方米、高约10米的土堆。这就是明弘治二年(1489年)襄简王朱见淑为自己修造的陵墓。陵墓上面及四周古木参天，与隆中其他景点相望。襄王陵为襄阳市市级文物保护单位，隆中风景管理处立碑标记。

三顾堂位于诸葛草庐前方，是纪念刘备三顾茅庐的仿古建筑和纪念堂。诸葛亮在《出师表》中写道："臣本布衣，躬耕于南阳，苟全性命于乱世，不求闻达于诸侯。先帝不以臣卑鄙，猥自枉屈，三顾臣于草庐之中。"明朝吴绶在题三顾堂的诗中说"贤人隐岩穴，帝子再三寻，野处终身志，雄谈济世心。路回山隐隐，树锁昼阴阴，千载称鱼水，高风冠古今。"三顾堂体现了人们对刘备礼贤下士精神的赞扬和对诸葛亮聪明才智的崇敬。

二、成都武侯祠

成都武侯祠坐落于成都市南郊，总占地13.99平方千米，距今已有1790余年历史。整个祠庙包括惠陵、汉昭烈庙、武侯祠三大部分，这三部分在历史上都有各自的发展轨迹，进而形成了现代人所看见的包括上述三大部分的成都武侯祠。

单祭诸葛亮一家的祠堂始建于东晋，最初在成都少城内，后迁往成都南郊，建于惠陵与汉昭烈庙旁。惠陵为三国蜀汉皇帝刘备的陵寝，建于蜀汉章武三年(223年)，根据两汉旧制，同时建成的有祭祀刘备的汉昭烈庙。明洪武年间，惠陵、汉昭烈庙、武侯祠三者合一形成整体，后人称为武侯祠。。

武侯祠以三国文化为主线，将庄严肃穆的祠庙景观与清新生动的川西园林景观有机融合，形成了独特的祠庙园林景观。成都武侯祠的总体布局分为两个部分：中部的祭祀建筑，布局规则对称；西部和北部的园林，布局自然流畅。两大部分虽建造年代不同，形式不同，但通过统一的三国文化对整体景观意境的营造，两大部分脉理相通，既对比成趣，又和谐统一。中部的祭祀建筑由两条轴线组成，分别是以祠庙建筑为主体的主轴线区域和惠陵等陵寝建筑群构成的次轴线。祠庙建筑群坐南朝北，由南至北分别为大门、二门、昭烈殿、过厅、静远堂、三义庙、结义楼等七重建筑，构成了武侯祠的主体祠庙建筑景观序列。大门、二门、昭烈殿及两侧的文臣武将廊组成两进四方院落，为祭祀刘备的汉昭烈庙的主体建筑景观格局；以过厅及静远堂组成的后半部分为专祀诸葛亮的狭义的武侯祠。需要指出的是，以静远堂为主体的后半部分，也就是狭义上的武侯祠，在整个地基上都较前半部分要低，如此设计在中国传统的中轴线建筑序列上颇为罕见。这样的设计却妥善地处理了封建君臣等级制度，同时又照顾到古建筑整体与局部的关系，使得整个祠庙建筑在景观上、文脉的贯穿上都显得和谐有序。

三义庙为祭祀刘、关、张三人的祠庙。三义庙作为祭祀性建筑，在迁入后被安置于静远堂之后，成为成都武侯祠主轴线建筑序列的一部分。三义庙本身是褒扬刘、关、张三人兄弟情谊的祭祀场所，与成都武侯祠脉理相通，且让武侯祠的文化内涵得到了进一步的扩大。三义庙前有一开放性广场，与前五重建筑较局促的空间格局相比视野更加开阔，景深效果也更加突出。广场作为祠内重要的集散空间与交通枢纽，其西北部与自然式布局园林区域相连接，又与静远堂后东西两荷塘相融合，以汉代风格的三分桥作为新旧区域的分界线，在平面构图上使得整个广场更显生动，从而舒缓祠庙原有的较压抑的庄严肃穆氛围。结义楼是中轴线景观序列上最后一重建筑，其建筑体量是全祠建筑之最，作为整个中轴线祠庙景观序列的收尾。

惠陵是蜀汉皇帝刘备的陵墓，位于中轴线祠庙景观序列西面，是武侯祠整个园林布局的次轴线。整个陵寝建筑坐南朝北，由照壁、山门、神道、寝殿、封土堆组成，其规模小巧，建筑简约，但在规制上具备了帝王陵墓应有的一切要素。主轴线祠庙建筑景观序列与惠陵次轴线景观序列之间由红墙夹道相连接，从而不至于因景观上的独立而造成文脉上的断裂，使得武侯祠三大主体祭祀部分虽各自独立，但又浑然一体。

图6.1　武侯祠

三、成都杜甫草堂

成都杜甫草堂楠柏幽森，粉墙环绕，溪水萦纡，境界清雅。正如叶圣陶在《望江南》词中所吟赞的："成都忆，得见草堂新，书卷收藏欣美备，园林构筑雅无伦，四季集游人。"今天的草堂，由于将与它接近的梵安寺和王氏梅苑一并划入园内，以幽懿花径、围墙、修竹使之连接梵安寺，并以漏透的园墙架于林木之间，曲水之上，再开月洞门通达梅苑，从而三者之间似通似隔，聚中有分，分中有聚，成为更完美的整体。既有诗圣的纪念祠宇，又有梵宇琳宫的佛寺，更有斗雪绽蕾的梅林，景观场面达20万平方米，彼此相得益彰。

草堂主要纪念性建筑有大殿、诗史堂、工部祠和少陵草堂、碑亭等。入草堂正门，穿荷池，登石桥，迎面就是大殿。大殿、诗史堂和东西陈列室由回廊相连，形成内院，整个建筑及环境空间均与绿化林木、山丘水面密切交融。不知是建筑布置在绿化林木之中，还是绿化林木植于建筑庭院之中。再过石拱小桥，即达柴门。柴门正对，工部祠迎现眼前，而怡受航轩、草堂书屋分列左右。此处建筑，形制不宏，简朴大方，富有纪念意义。

杜甫草堂是文化名人纪念祠堂性质的园林。它有一条中轴线，在轴线上，布置主要建筑，照壁、门、殿、堂、祠，显得庄重肃穆。轴线之左右，布置廊、榭、轩、亭，显得轻盈活泼。建筑大都是木穿斗结构，体量小巧。粉墙青瓦，淡褐色的柱、枋、门，窗，显得古色古香，色泽无华而不虚饰，富有地方特色，与环境空间十分协调。它不同于北方雕梁画栋、富丽堂皇、充斥王侯气氛的皇家园林，也不同于江南那些曲折宛转、精巧细腻的文人山水园林，更没有岭南园林色彩缤纷的绅商情调，却有古雅自然、清幽明朗、疏畅静穆而多飘逸的风范。它是西蜀园林的代表作之一，与眉山的三苏祠园林有相当的意趣。

在植物种植上，杜甫草堂亦有特色。以竹柏樟楠为基调，银杏高大，松杉挺直，黄葛荫浓，混植其中，郁郁苍苍，一派自然风光庇护着曲廊幽榭，形成“丛林藏别馆”的风貌。在庭院之中广植红梅、杜鹃、翠竹以及松杉，使人虽在廊榭，亦如置身于花丛草木之中。溪墙小径，高台小筑，湖池之中，多种修竹、桃、李、腊梅、海棠、玉兰、丁香、石榴、桂花、芙蓉、睡莲等，浓淡相间，使之迭现春、夏、秋、冬四时景色。寒冬季节，步上工部祠后的丘台，向西眺望，梅花正傲冰霜，触景而生无限感叹。夏日闲坐水槛，观赏玉叶摇风，出淤泥而不染的荷蕖，或细数水中游鳞，不知鱼之乐亦我之乐也。由宏敞的梵安寺步入曲径通幽的花径中，两旁红墙夹道，举头不见天日，虽然三暑，亦觉寒生脚下，又是另一番境界。在花径中段北侧，有浣花祠，使宁静的环境又涌起一点小浪花，也是耐人寻味的。

杜甫草堂，自有历尽沧桑的史话。杜甫于759年12月入蜀，次年3月堂成。公元765年去蜀。除避乱川北外，在草堂共住了3年多，成诗240多首。其中《堂成》就是草堂落成时所作。当时，草堂并不宏大。由花径通到柴门，在大楠木树下，立茅屋数间及休息吟咏之水槛而已，故名草堂。从《茅屋为秋风所破歌》诗中，可以想见。但环境是清幽高雅的，“两个黄鹂鸣翠柳，一行白鹭上青天，窗含西岭千秋雪，门泊东吴万里船”，就是草堂景色的写照。杜甫离开成都后，历数十年，草堂已经荒芜。到了唐末，诗人韦庄寻得旧址，修了一间小茅屋。其后亦有兴废。重修草堂的目的，大都是对杜甫的敬仰。南宋张焘即是如此。张焘的整修，使草堂的景象大殊于前。嗣后各代都有培修和改建，先后达13次。其中主要是明弘治十三年（1500年）和清嘉庆十六年（1811年），这两次修建，方奠定今日草堂的基础。虽然草堂几经兴衰，但历代人民对于杜甫，却始终怀着深切的敬仰和追思之情。

四、秦始皇陵

秦始皇陵南依骊山，北临渭水。陵园总面积为56.25平方千米，相当于78个故宫的大小。据史书记载，封土原高50丈（约115米），现仍高达76米。陵园内有两重城垣。内外城郭有高8～10米的城墙，内城里面修建了堂皇的地下宫殿，顶上有用明珠做的日月星辰，地下布置了用水银做的江河湖海。墓葬区在南，寝殿和便殿建筑群在北。

秦始皇陵是中国历史上第一个皇帝陵园，其巨大的规模、丰富的陪葬物居历代帝王陵之首。陵园按照秦始皇死后照样享受荣华富贵的原则，仿照秦国都城咸阳的布局建造，大体呈回字形。

陵园的核心是地宫。《史记》记载其“以水银为百川江河大海，机相灌输。上具天文，下具地理。”其情虽然不清，但地宫之上确实存在超出正常值数倍的强汞异常区。地宫是放置棺椁和随葬器物的地方。有关秦陵地宫位置问题，历来众说纷纭。史料《汉旧仪》一书中有一段关于秦始皇陵地宫深度的介绍：公元前210年，丞相李斯向秦始皇报告，称其带了72万人修筑骊山陵墓，已经挖得很深了，好像到了地底一样。秦始皇听后，下令“再旁行三百丈乃止”。“旁行三百丈”一说让秦陵地宫位置扑朔迷离。民间曾传说秦陵地宫在骊山里，骊山和秦陵之间有一条地下通道，每到阴天或下雨的时候，地下通道里就过“阴兵”，人欢马叫，非常热闹。考古学家根据这个传说，曾做过很多次考察，但一直找不到这个传说中的地下通道。后来，考古学家用遥感和物探的方法分别进行了探测，其实地宫就在封土堆下。规模宏大的地宫位于封土堆顶台及其周围以下，距离地平面35米深，东西长170米，南北宽145米，主体和墓室均呈矩形。墓室位于地宫中央，高15米，大小相当于一个标准足球场。

其次是内城。内城是秦陵的重点建设区，内城垣内的地面、地下设施最多，尤其是内城的南半部较为密集。地下宫城、寝殿及车马仪仗、仓储等众多的陪葬坑均在内城的南半部。内城北半部的西区是便殿附属建筑区，东区是后宫人员的陪葬墓区。这种布局清晰地说明：内城南部为重点区，北部为附属区。而南北两部设施的内涵，均属于宫廷的范围。

最新考古勘探与研究表明，秦始皇陵内沉默着一处庞大的宫殿建筑群，其十进式院落建筑和一处台基式主体建筑浑然一体，犹如紫禁城，面积为紫禁城的1/4。秦始皇陵共发现10座城门，南北城门与内垣南门在同一中轴线上。

坟丘的北边是陵园的中心部分，东、西、北三面有墓道通向墓室，东西两侧还并列着4座建筑遗存。有专家认为是寝殿建筑的一部分。秦始皇陵集中体现了“事死如事生”的礼制，规模宏大，气势雄伟，结构特殊。

在秦始皇陵封土以北，发现了三组大型宫殿建筑群遗址，南北长约750米，东西宽约250米，占地面积18.75万平方米，建筑密集，规模宏阔。秦汉时期陵园内的礼制性建筑有寝殿和便殿。寝殿为陵园内的正殿,是墓主人灵魂的主要居处;便殿,又名别殿、便室,是寝殿的附属部分,是供墓主人的灵魂像生前一样休息之处。

陪葬坑位于秦始皇陵东南部的内外城之间,距离现在的封土约200米,平面为长方形,主体部分东西长130米,南北宽100米,南北两边的东西端各有一条斜坡门道。连同四条斜坡门道,该坑总面积达13000多平方米,是迄今为止秦始皇陵城垣以内发现的面积最大的陪葬坑。出土的还有大量密集叠压的、用扁铜丝连缀的石质铠甲和石胄,其中石质铠甲80多件,石胄40多件。在这个庞大的坑内,估计有上千件石质铠甲、头盔,还有二号坑曾经出土过的马缰索、青铜车马器构件、青铜镞、箭头及其他军用装备文物,所以,有关专家认为,这个陪葬坑,应确切地称它为秦兵马俑地下宫城的军备库。

再次是外城,即内外城垣之间的外郭城部分。根据考古资料,其西区的地面和地下设施最为密集。由南向北依次分布着曲尺形大型马厩坑、31座珍禽异兽坑、48座后宫人员的陪葬墓、三组四合院式的园寺吏舍建筑基址。这种布局说明外郭城的西区是重点区,而与内城相比,则显然居于附属地位。

最后是外城垣之外的地区。其东边除了众所周知的秦兵马俑坑外,还有98座小型马厩坑及众多陪葬墓。其西边则有三处修陵人员的墓地、砖瓦窑址和打石场等。其北边发现有藏有禽兽肢体及鳖的仓储坑、陵园督造人员的官署及郦邑建筑遗址。其南边靠近骊山则有一宽约40米的防洪堤。

兵马俑坑是秦始皇陵的陪葬坑,位于陵园东侧1500米处。1974年春被当地打井的农民发现,由此埋葬在地下两千多年的宝藏得以面世,被誉为“世界第八大奇迹”,为研究秦朝时期的军事、政治、经济、文化、科学技术等,提供了十分珍贵的实物资料,成为世界人类文化的宝贵财富。兵马俑坑现已发掘3座,俑坑坐西向东,呈“品”字形排列,坑内有陶俑、陶马8000多件,还有4万多件青铜兵器。坑内的陶塑艺术作品是仿制的秦宿卫军。近万个或手执弓、箭、弩,或手持青铜戈、矛、戟,或负弩前驱,或御车策马的陶质卫士,分别组成了步、弩、车、骑四个兵种。

秦始皇陵兵马俑是可以同埃及金字塔和古希腊雕塑相媲美的世界人类文化的宝贵财富,而它的发现本身就是20世纪中国最壮观的考古成就。世界文化遗产的桂冠,为秦始皇陵更增光彩。

秦始皇陵工程的设计者不仅在墓地的选择方面表现了独特的远见卓识,而且对陵园总体布局的设计也是颇具匠心。整个陵园由南北两个狭长的长方形城垣构成。内城中部发现一道东西向夹墙,正好将内城分为南北两部分。高大的封冢坐落在内城的南半部，它是整个陵园的核心。陵园的地面建筑集中在封土北侧，陵园的陪葬坑都分布在封冢的东西两侧。形成了以地宫和封冢为中心，布局合理，形制规范的帝王陵园。

图6.2　秦始皇陵

五、晋祠

晋祠，初名唐叔虞祠，是为纪念晋国开国诸侯唐叔虞而建。叔虞的儿子燮父继位后，因境内有晋水流淌，故将国号由“唐”改为“晋”，这也是山西简称“晋”的由来。

郦道元《水经注》记载：“际山枕水，有唐叔虞祠”，即今晋祠。晋祠历代均有修建和扩建。南北朝天保年间扩建晋祠，“大起楼观，穿筑池塘”。隋开皇年间，在祠区西南方增建舍利生生塔 。唐贞观二十年（646年），太宗李世民到晋祠，撰写碑文《晋祠之铭并序》，并又一次进行扩建。宋太宗赵光义于太平兴国年间，在晋祠大兴土木，修缮竣工时还刻碑记事。宋仁宗赵祯于天圣年间追封唐叔虞为汾东王，并为唐叔虞之母邑姜修建了规模宏大的圣母殿和鱼沼飞梁，祠区建筑布局更大为改观。此后，又铸造铁人，增建献殿、钟楼、鼓楼及水镜台等，这样，以圣母殿为主体的中轴线建筑物就次第告成。原来居于正位的唐叔虞祠，退到了次要的位置。

现在，观赏晋祠可按中、北、南三部分进行。中，即中轴线，从大门入，自水镜台起，经会仙桥、金人台、对越坊、献殿、钟鼓楼、鱼沼飞梁到圣母殿。这是晋祠的主体，供奉的是唐叔虞的母亲，周武王的王后，周成王的母亲邑姜。建筑结构严谨，具有极高的艺术价值。北部从文昌宫起，有东岳祠、关帝庙、三清祠、唐叔虞祠、朝阳洞、待风轩、三台阁、读书台和吕祖阁。这一组建筑物大都随地势自然错落排列，以崇楼高阁取胜。南部从胜瀛楼起，有白鹤亭、三圣祠、真趣亭、难老泉亭、水母楼和公输子祠。这一组楼台，泉流潺潺，颇具江南园林风韵。此外，最南部还有十方奉圣禅寺，相传原为唐代开国大将尉迟恭的别墅。祠北浮屠院内有舍利生生塔一座，初建于隋开皇年间，宋代重修，清代乾隆年间重建，为七级八角形，高30余米，每层四面有门，饰以琉璃勾栏。登塔远眺，晋祠全景历历在目。

晋祠的选址和环境是非常讲究的。传统建筑与自然的和谐关系，在晋祠表现得尤为突出。

第一，凭水添姿。在人类生活中，恐怕再没有比水与人的关系更加密切的了。古代园林常常利用人们对水的崇拜，结合水的形态，运用波光倒影和水质水声、烘托意境，取得理想的效果。也许是由于水的纯洁、永恒、神圣的原始观念，无论东方或西方在宗教和纪念性建筑前，常设一方池水或一湾流水，来作为神俗之间的沟通。晋祠是以泉渠水系构景的佳例。水母楼建于晋水源头难老泉之上，并附会“柳氏坐瓮”的美丽传说。泉水从其座下涌出，楼前一八角攒尖泉亭，下用人字堰南北三七分流。中部水镜台、会仙桥、金人台、对越坊、献殿、鱼沼飞梁、圣母殿排列于主轴线上，后以欢喜岭上望川亭作为终止符。南部台骀庙、公输子祠、三圣祠、同乐亭，北部苗裔堂、朝阳洞、唐叔虞祠、关帝庙、东岳庙、文昌宫环周布置。这些建筑群或依山，或临水，自成小院，亭桥殿阁、水榭楼台穿插其间，渠水在建筑之间蜿蜒曲折，叮咚作响，与建筑交织在一起，沿渠组成一组组美丽的风景，给庄严肃穆的祠庙平添了几分灵气与动感。

第二，组织序列引人入胜。出古城南行，时逢夏秋之季，但见麦浪翻滚，稻菽千顷，时有微风拂面，一派江南景色，“未入莲花园，先闻水面香”。路边荷塘之中有一古刹，是创建于北齐的崇福寺，为晋祠外八景之一的“大寺荷风”。再向西折，鸣溪夹路，流水潺潺，放眼望去，远处山峦延绵无际。过观音堂，穿仙翁阁，山麓间一片密林，树梢上露出塔尖，隐约可见许多殿宇，附近是村庄，前行便是晋祠山门。这样由远及近，从半掩到迎面的转换，层层烘托，借天然的地势及河水景色，反复强调了其神圣，刻意创造了一种使人崇敬的肃穆之感，增强了对人的吸引力。北宋欧阳修诗曰：“古城南出十里间，鸣渠夹路河潺潺。行人望祠下马谒，退即祠下窥水源。地灵草木得余润，郁郁古柏含苍烟。”

第三，宽阔开敞的场院。进入祠门，有一戏台，台东部为乐楼，西部为三面开敞的戏台，面向圣母大殿，四周开阔，可容万人聚集。

由竖向之物形成的空间，不像线、面那样有围合区或平面界线，然而，它却给人以巨大的内聚力、强烈的吸引力。人们通常喜欢聚集在旗杆、路灯、大树下，是因为它的确蕴涵着实用功能（原始部落的巫术礼仪，就在这里举行）。因祭祀活动具有广泛的群众性，这种开阔的场所，虽经历了由开敞到围合的演变，却一直在祠庙建筑中继承下来，形成了大容量的场院。这样由线和面围合成的空间，具有稳定性、聚合性，从而为人们观看戏曲、举行庆典提供了理想的场所。在祠庙中有这样一个露天却围合的良好空间，从功能上讲，起到了一个融合、过渡区域的作用。殿宇、戏楼的“外”构成了院落场院的“内”，彼此从属又互为依托，创造出一种微妙的内外互含的关系。

第四，通透、过渡的献殿。晋祠圣母殿的献殿，建于金大定八年（1068年），面阔进深各三间，单檐歇山顶，四架椽屋通檐用二柱，殿中前后设门，余筑坚厚槛墙，上安叉子，状如凉亭，格外通透宽敞。在圣母殿与献殿的鱼沼泉上架十字形飞梁，既有四通功用，也增加了通透感与层次感。圣母殿前廊木雕盘龙倒映于池沼碧水之中，活灵活现。献殿是举行献礼、陈设祭品的所在，为开敞或半开敞的空间，有较好的通透性，又增加了空间层次，在举行祭典时，透过渺渺的烟雾，更有一种超凡脱俗之感。

第五，幽暗、封闭的寝殿。寝殿是祠庙中敬神祭祖的神圣场所，设于主轴线的后部。由于古人“视死如生”的观念，便仿照前朝后寝的形式来建造。圣母殿采用重檐歇山顶，平面广七间，深六间，殿身五间，周匝副阶，前廊深两间，异常宽敞。殿内无柱，内置神龛，中塑圣母，四周侍从42尊，仅前部设直棂窗复加柱廊。殿内的光照环境充分考虑了自然条件，殿内幽暗，前廊光线透过柱廊，斗拱愈显柔和，殿顶瓦垄密密排列，明暗相间，阴阳交错，殿前鱼沼波光粼粼，形成了富于韵律的光影效果。通过自然光的透、折、控、滤等手法，利用人们的心理效应，创造了忽明忽暗、高深莫测的感觉，使人敬意倍增。

这样，晋祠通过层层递进，主次、大小、远近、虚实、动静、明暗的对比突出了主体空间，给人以变化丰富的感受，增强了其意境的表现力。晋祠建造者在组织空间序列时，综合运用了各种手法，着意处理各个空间的连接和过渡，从内部、外部组成一个连绵不断的有机整体，天空、山峦、流水、林木、瓦屋、殿宇交叠显示，时隐时现，晋祠那庄重、肃穆、神圣的气氛也愈加强烈。

细观晋祠建筑的艺术形象，它不只是单体的造型欣赏，而更在于群体序列的推移;不只是局部的雕琢精巧,而更在于整体的神韵气度;不只是突兀惊异,而在于整体的神韵气度;不只是看,而更在于游。《考工记》规定:“室中度以几,堂上度以筵,宫中度以寻,野度以步,涂度以轨。”《营造法式》规定:“凡构屋之制,皆以材为祖。材分八等,度屋之大,度屋之大小而用之。”匠师们运用这些规范,创造出了各种情调迥异的艺术形象。聪明的古人并没有停留在理性规范内,而是充分调动其艺术创造力,赋予其蓬勃的生命活力。看那鱼沼飞梁下斜的两翼、圣母殿上翘的翼角和难老泉上水母楼,难老泉下的不系舟,想象是奔放的,形式是夸张的,情调是浪漫的。而正是这浪漫的夸张,才能给理性插上飞升的双翅,使其真正达到美的境界。

置身于晋祠,你不能不为古人的匠心独具而赞叹。只有单纯的山水花木、亭台楼阁实在活力不大,而一切诗情画意寄情托性,还须观赏者审美心理的再创造。充分调动一切自然的、人工的条件,创造丰富的、流动的步移景异的画面,既有理性的分析,又有浪漫的想象,情景交融才是晋祠之美的真正所在。

第七章　城市公园

第一节　概述

一、城市公园的定义

在我们的印象之中，公园是供人们游览、休息、观赏，开展文化娱乐和社交活动、体育活动的环境优美的场所，也是反映城市园林绿化水平的重要指标，在城市公共绿地中常居首要地位。公园中有优美的环境，郁郁葱葱的树木、娇艳欲滴的鲜花，修剪整齐的草坪，饱含寓意的雕塑，还有各式各样的体育设施。不仅在色彩上富有变化，而且环境宜人，空气清新，到处鸟语花香，风景如画。它使游人平添耳目之娱，尽情享受大自然的诱人魅力，从而振奋精神，消除疲劳，忘却烦恼，增进身心健康。

公园中的游乐、体育等各种设施，也是居民联欢、交往的媒介，更是青少年和老年人锻炼身体的好地方。公园中的科普、文化教育设施和各类动植物、文化古迹等，可使游人在游乐、观赏中增长知识，了解历史，热爱社会，热爱伟大祖国，所以公园是社会主义精神文明建设的重要课堂。公园中设有开阔的绿地、水面、大片树林，也是市民们防灾避难的有效场所。随着我国城市的发展，交通的繁忙，人口密度的增大，城市人民对公园的需要越来越迫切，对公园规划设计的要求也越来越高。

那么，城市公园的确切定义是什么呢？城市公园通常指位于城市范围之内经专门规划建设的绿地，供居民观赏、休息、健身和娱乐等，并起到美化城市景观、改善城市环境、调节空气质量，为城市居民提供防灾避难场所等作用。

按照2002年我国颁布的《城市绿地分类标准》，公园绿地的定义为：向公众开放、以游憩为主要功能，兼具生态、美化、防灾等作用的绿地。

《中国大百科全书》对公园的定义是:城市公共绿地的一种类型,由政府或公共团体建设经营,供公众游憩、观赏、娱乐等的园林。

二、城市公园的历史

中国的城市公园建设始于1840年以后。由于帝国主义的入侵,一些国家在中国的土地上设立租界,给中国的城市公园带来发展的契机。他们将欧洲的公园引入上海,1868年在上海建造的“公园”(黄浦公园)是最早的一个。1908年,复兴公园建立,1919年,中山公园建立。当时公园的风格基本采用英国风景式和法国规则式,有草坪、树林、花坛和修剪过的树木,极少有建筑出现。但这些公园均是服务于外来的殖民侵略者,中国人难以入内。1906年在无锡、金匮两县,乡绅俞仲等筹建的无锡公花园是我国自己建造的,对国人开放的近代公园。该园特点是采用多建筑、无草地、有假山、自然式水池等中国古典园林手法。辛亥革命以后,以汉口市政府公园,广州越秀公园、中央公园,昆明翠湖公园等为先驱的城市公园相继出现。这些公园有的是在原有风景区、古园林上建造的,也有的是在圈划的空地上模仿欧洲公园的风格打造的。

在造园理论的方面,我国的规划师莫朝豪在1935年撰写了《园林计划》,其中“都市田园化与乡村城市化”的思想主张,与英国人霍华德撰写的《明日的田园城市》有着共同的追求。但是由于追求公众性、洋为中用,过分地强调了市政、工程方面的物质因素,当时新的公园中丧失了体现我国传统古典园林的丰富人文内涵和文化精神的能力。再加上这一时期内外战争不断,民众疲于奔命,志者忙于救国,学者弃笔从戎,对近代园林的翻天覆地的变化难以顾及,只能在打造公园时,盲从于西方的现代建筑理论的现代园林理论。这虽然对于园林属性、园林归属、园林格调方面曾有过积极作用,比如政府拥有且负责维护,民众都可以游园,园林空间开阔、容纳人数较多等等,但在园林的文化氛围和意境打造上,显然严重缺乏对于传统的继承。

因此,1949年前,我国城市公园面积小、数量少,发展缓慢,缺乏民族文化特色的体现,公园的景观设计基本停留于模仿阶段。

新中国成立以后,在“发展国民经济、肃清封资思想、营造大众乐园”的思想指导下,我国的现代园林蓬勃发展了近十年。但由于随后社会大环境的变化,园林建筑受到较大影响。这一阶段的理论知识主要是学习苏联的园林绿地规划模式,这一模式来源于苏联城市休闲生活系统的文化游憩公园建设实践,它主要追求城市中开放空间的游憩作用。但是由于我国经济的发展力度、科技的发展程度达不到标准，所以很难实现苏联模式所构建的游憩绿地的规划水平。

我国城市公园取得较大的发展，是在改革开放到80年代末期。全国城市公园数量有所增加，质量有所提高，在造园艺术上开始探索民族化与现代化相结合的道路。全国城市公园面积由152.28平方千米增加到196.26平方千米，个数由579个增加到904个。那时公园的规划设计主要以休闲游乐为主，各个功能区的设置以及公园内各项设施都是为不同类型的游人服务的。景观设计上以造景为主，植物的搭配主要是为了满足观赏的要求。总体布局缺乏合理性，中心城区绿地少，难以满足市民需求。

伴随着改革开放的速度加快，我国城市公园设计在20世纪90年代迎来了重大的改变。这一时期，旅游业的发展直接促进了城市公园的建设发展，全国的公园不仅在数量上有较大增加，还在质量上有着较大的提升。如北京石景山的雕塑公园，无锡的三国城、欧洲城，深圳的世界之窗、锦绣中华。城市公园的范围也扩大到了小城镇。生态园林设计理念的提出，使人们对城市公园的功能和作用的认识上有了质的飞跃。改善城市的环境，维持城市的生态平衡成为城市公园是否达标的重要标准。

与此同时，我国城市化进程加快，人口激增、交通混乱、环境恶化、城市公园空间匮乏、景观不佳等问题更加突出。国内在城市生物多样化研究、绿地效益研究、植被研究等领域，都为我国城市综合公园的设计和发展进行了积极的探索，为城市公园建设带来广阔的发展空间。

三、城市公园的分类

随着公园事业的发展，为了统一全国城市绿地分类，我国于2002年发布了《城市绿地分类标准》(CJJ / T 85—2002)，明确了公园绿地的分类。常见的城市公园有以下几类。

儿童公园：服务对象主要是少年儿童及携带儿童的成年人。用地一般为5万平方米，一切娱乐设施、运动器械及建筑物的规划设计，要考虑到少年儿童活动的安全需要和适当比例尺度，而且色彩要明亮，造型要活泼，装饰要丰富，配置的植物要无刺、无毒。可根据年龄分设学龄前幼儿活动区、学龄儿童活动区，其位置要接近居民区，以便附近的儿童到达。

动物园：这是集中饲养、展览各种野生动物和优良家禽的绿地。主要功能是供休息、游览、文化教育、科学普及、科学研究之用。在大城市中一般独立设置，中小城镇常附设在综合性公园中，采用安全隔离措施。

植物园：广泛地收集和栽培植物品种，驯化、定向培育、综合利用并按生物学要求布置的城市特殊绿地，称为植物园。它既是科研场地、科普场所，又可供群众游览休息。因此，植物园布局要考虑植物生态、品种分类、地理特点等。

体育公园：一般由各级体育部门负责经营管理，或与园林部门共同养护管理。园内既有各种体育运动设施，又有较充分的绿化布置；既可进行各种体育运动，又可供群众游览休息。

纪念性园林；以革命活动故地、烈士陵墓、历史名人活动旧址及墓址等为中心的园林绿地，供人们瞻仰、凭吊及游览休息之用，如上海鲁迅公园、南京中山陵、南京雨花台烈士陵园等。

带状公园（游息林荫带）：指城市中具有相当宽度的（8米以上）、有一定服务设施的带状公共绿地，一般设在临海、沿江、沿湖或蜿蜒穿越市区的河流的沿岸地带。带状公园内有亭、廊、座椅、雕塑、水池、喷泉等设施，应有隔离、装饰街道和供市民短暂休憩、赏景的功能。

街旁公园：也称微型公园。面积较小，设施简单，是独立的城市公共绿地，可供居民临时休息、散步之用，服务半径一般不超过750米，应以配置精美的园林植物为主，讲究街景的艺术效果，并应设有供短暂休息的设施。

第二节 城市公园功能和造园特点

一、城市公园的功能

(一)社会文化功能

1. 休闲游憩功能

城市公园作为为城市居民提供休闲娱乐的自然化的活动场所,满足城市居民休闲、娱乐、休憩的功能是其最基本、最重要的功能。

随着经济的快速发展,城市生活正在逐渐背离人们所追求的健康目标。城市化程度越来越高,而供人们户外日常活动的场地却越来越少。要在城市化进程中保持城市经济的可持续健康发展,就要为城市居民提供更多的城市绿色空间。只有建设良好的生态环境,才能打造城市的绿色生活,为居民提供绿色的生活环境和休闲娱乐的空间。

城市公园作为城市的主要绿色空间,起到了净化空气、降低辐射、调节区域气候等重要作用。它维持着城市的生态平衡,更重要的是,它提供了可供公众享受绿色休闲生活的场地,让市民在工作之余能够休息、小孩能够玩耍、老人能够锻炼,从而推动城市生活的良性循环。

2. 美育功能

在城市公园中,可以进行各类社会文化活动,在物质文明建设的过程中,也传播着精神文明。通过城市公园打造一个良好的生态空间,能在优美的环境中使人们获得心灵的净化,美的享受,进而陶冶情操,提升素质,形成好的文化氛围。

(二)经济功能

1. 防灾减灾功能

城市公园作为城市中少有的大面积开放空间,在平时为居民提供娱乐活动的场所，在城市预防大型灾难，如防火防震时，可以提供一个较为安全的栖身场所。1976年唐山大地震期间，北京将近两百万人在各类公园中避震。2008年四川汶川地震，该地区的许多公园成为避难所。公园绿地为了无数市民提供了较为安全的空间。因此，城市公园在灾中的避难和灾后的安置重建中起到了重要的作用。

2. 预留城市用地

城市公园的兴建在短时间内能为居民提供城市活动场所。在城市日益扩建的进程中，城市中心的土地早已被占用，但结合未来的发展趋势，会有一些公共设施的修建需要用地，此时公园为城市做的预留用地的重要作用就凸现出来。

3. 带动地方经济的发展

由于城市绿地稀缺，公园的经济作用越来越明显，其中显著的经济效益就是使周边的地价和不动产升值，吸引投资，从而推动该区域的经济和社会发展。同时，还能使周边的商业、餐饮业、服务业、旅游业都能迅速发展。

4. 推动城市旅游业的发展

城市公园是各大城市旅游景观的重要组成部分。由于城市公园的分类众多，既有纪念意义的园林，又有现代风格的园林，不同的类型给大家不同的视觉体验，或能体会到现代的简约通透，或感受到古典的空间错落。在现代兴起的主题公园更能满足不同游客的需求，如香港的迪士尼乐园，对于许多有着美好卡通梦想的成人和儿童来说，是一个无法抵挡的吸引。

（三）环境功能

1. 维持生态平衡，改善人类生存环境

由于公园具有大面积的植被，例如高大的乔木、葱郁的灌木和茂密的草坪，这些都为城市维持空气质量，净化空气中的有害物质，减少噪音，调节气候，缓解城市热岛效应，涵蓄防水、减少径流，为鸟类和昆虫提供食物和栖息地等产生了巨大作用。

2. 美化城市环境

城市公园作为城市中最具有自然特征的绿色场所，拥有大量的绿色植被和大量的景观装饰，使得城市的整体环境更加丰富多彩，美化城市的功能显而易见。

（四）其他功能

除了以上各项功能以外，城市公园还具有以下不可忽视的功能：阻隔性质相互冲突的土地使用，降低人口密度，控制过度的城市化发展，有机地组织城市空间和人的行为，改善交通，保护文物古迹，减少城市犯罪，进行社会交往以及促进城市的可持续发展等等。

二、城市公园的特征

（一）城市公园的艺术特色

现代园林中的石景除了沿用古典园林的叠山置石的手法之外，常常使用一些经过抽象后的规则石景，通过简单质朴的石头打造一种简洁纯粹的视觉效果。人造石头的大量使用也造就了一批杰出的景观设计作品。许多公园中呈几何体的大型条石摆放在空地或者路边，在视觉上既有一种原始天然的美感，在实用功能上还能充当桌椅。在现代园林中引进了雕塑这一景观，通过不同形态、不同材质、不同颜色、不同肌理的雕塑作品，传达出与公园主题相关的人文情怀来，这大大增加了公园内的人文氛围，增强了现代公园的美育功能。

城市公园的水景处理，除了继承古典园林中对水景动态、静态美的表现手法外，还充分结合现代科技手段，将动态水景的潜力发挥得淋漓尽致。很多公园都运用现代技术打造了喷泉这一景观，为了制造更好的观赏效果，还配以灯光和音乐，五光十色，给人们带来全方位的视觉听觉享受。同时也更强调大自然的原生态，在打造景观之时，尽量保留了材料的真实面貌，如礁石、沙雕等尽可能展示原汁原味的风貌。

城市公园中的植物配置比古典园林更趋精致，涉及植物的冠幅、干高、枝下高、干径、形态、花期等，都有严格的标准，每一棵植物都会影响视觉效果。例如干高的控制，就能使视觉更具流通性，确保视线不为蔓生的枝叶遮挡。植物的栽植总体上趋向疏朗、节制，全然没有某些古典园林中那种枝叶蔓生、遮天蔽日的沉闷感。

（二）城市公园的造园特点

1. 城市公园的社会性

城市公园作为为城市居民提供游乐休憩场所的绿色公共开放空间，在造园的规划上，必然具有它的社会性。城市公园为城市居民提供步行、游憩、社交聚会的场所，增进人际交流和地域认同感，有利于培养公民的自豪感。在公园的文化表达上，要体现出文化品位，展示出城市的历史特色，做好保护文化遗址的工作，因地制宜，使得城市的文化代代相传。城市公园还追求自己的个性，通过景观增强环境的感染力，突出主题意识。在表达个性之时，城市公园也追求环境舒适性、愉悦性，要求设施完备，治安良好，交通便捷，易于到达，更好地服务于民众。能体现出良好社会性的公园才能受到民众的欢迎。

2. 功能的多样化：

城市公园的宗旨在于不断满足人们因脱离自然而产生的对自然环境的需求，除了游憩休闲的功能以外，它还能保持原生状态的自然环境，构成景观生态系统。遍布公园的植物可以吸收二氧化碳，释放氧气，净化空气；能够在一定程度上吸收有害气体和吸附尘埃，减轻污染；可以调节空气的温度、湿度，改善小气候；还有减弱噪声和防风、防火，为市民提供避灾防灾的避难场所等作用。

3. 造园手法的多元化

城市公园鼓励标新立异，在形式上大胆创新。如广东中山岐江公园，那些残旧不堪的钢铁厂栅、锈迹斑斑的铁轨和吊车、烟熏火燎的烟囱和老式水塔，都成为园林的构筑物，大胆的创新使人耳目一新。城市园林更注重现代与传统、东方与西方、自然与人文的融合。现代的审美需求各式各样，所以公园的形式也变得更加多姿多彩。

现代公园的造景素材也随着现代高新技术的发展得到了极大的丰富。新的技术，不仅使我们更加自如地再现自然美景，甚至能创造出超自然的人间奇景。混凝土、玻璃、不锈钢、热塑性塑料、合成纤维、橡胶、聚酯织物等构景元素，使园林的外观增辉添彩。玻璃的反射、折射、透射等特性的创造性表现，让我们在真实与虚幻之间游移、不锈钢简洁、优雅的造型，则让我们体味到传统园林中不曾有过的精美。此外，大量的塑料纤维已被使用在当代园林中，既无虫害之忧，又无修葺之烦。造景素材的丰富和信息技术已使城市公园景观走向“虚拟”和“仿象”，在感观上极大地丰富了园林景观的表现方式。

第三节 名园欣赏

在浮躁、快节奏的当今，回归自然的理念深入人心，营造可以放松身心的城市公园十分必要。城市公园已发展成为一种公共性的景观环境艺术，一种人居环境科学。城市公园反映的是当代审美意识，其的结构图式中充满着张力，不同向度和强度的张力实现了高层次的和谐，这与当代的文化心理结构图式是吻合的。

因此，感受城市公园，应把握当代精神的体现，从其时代气息、多样化的材料选择、独特的建筑风格等多角度进行领悟。

一、中山岐江公园

岐江公园位于中山市区的岐江边上，是在粤中造船厂旧址上修建起来的，总面积约11万平方米，其中水面3.6万平方米，水面与岐江相通。由于船厂旧址保留了许多造船厂房及机器设备，包括龙门吊、铁轨、变压器等等，设计师巧妙地在景观设计中对废弃工业设施加以生态恢复和再利用，使得中山岐江公园大不同于传统的园林景观，整体园区景观成为具有现代景观设计特色的作品。那些残旧不堪的钢铁厂栅、锈迹斑斑的铁轨和吊车、烟熏火燎的烟囱和老式水塔都被保留了下来。而岐江公园的设施又强调了“新”的设计，通过新颖的设计使场地及环境景观具有特定的文化载体的内在意义。设计者力求在新旧对比中，让游客从中探寻到城市发展的历史轨迹，自然地感受到历史发展的脉络。岐江公园不但很好地融合了生态理念、现代环境意识、工业文化观念、以人为本的思想，展示了新中国60多年来深厚发展历史和工业化探索历程，而且很好地解决了城市现代化过程中防洪、古树保护、产业用地更新等棘手问题。

中山岐江公园具有很多独到之处，体现在以下几个方面：

第一，以原厂区的高大树木、部分厂房（构筑物）形成骨架，采用船厂的特有元素进行组织，记载了历史的某些特色。同时，还采用新工艺、新材料、新技术构筑部分小品及雕塑。新与旧的比较，历史与现实交织，设计上既有新意又有内涵，既能反映出中山市工业化进程的历史，又具有现代社会的特征，使公园个性十分突出。

第二，公园路网采用若干组放射形道路组成，既不同于传统的曲线形路网，又有别于西方规整的几何图形，打破传统，手法新颖，别树一帜。

第三，公园设计保留了岐江河边及原有船厂内的大树，保持原有的生态，采用绿岛的方式，以河内有河来满足岐江河过水断面的要求，既满足了水利要求，也使公园增加了一景。

第四，通过巧妙处理内湖和外河的关系，将岐江景色引入公园。

崭新的歧江公园所有角落都弥漫着现代风情与浪漫气息，然而又有着剪不断的旧日感怀和历史豪情，它集中表现出的工业之美、平凡之美深深吸引着市民，吸引着审美的目光。人们发现，过去和未来、内心和身外的世界如此轻松地交融在一起。

设计者之一俞孔坚在解释岐江公园的含义时说，岐江公园的景观设计通过视觉与空间的体验传达三个方面的含义。

第一，足下的文化，即在一个普通造船厂所注释的那片土地上、那个时代、那群人的文化。除了保留诸如烟囱、龙门吊、厂棚等这些文化的载体外，还通过新的设计，把设计师对这种文化的感觉通过新的形式传达给造访者，如被称为“静思空间”的红盒子，以及剪破盒子的直线道路、生锈的铸铁铺装等等。

第二，野草之美。野草不自美，因人、因设计而美。在不同的环境条件下，用水生、湿生、旱生乡土植物——那些被人们践踏的野草来传达新时代的价值观和审美观，并以此唤起人们对自然的尊重，培育环境伦理。

第三，人性之真。小时候穿越铁轨时快感，在这里变为一种没有危险的游戏，使冒险、挑战和寻求平衡感的天性得以袒露。人对水的向往、对空间的探索天性等，都通过亲水栈桥和平地涌泉、树篱方格网的设计而得到充分体现。

作为中国第一个工业主题公园，岐江公园对初见的人都充满了震撼，虽然会因为观赏者文化素养和人生经历的不同而有不同的感悟，但给所有的观赏者都带来了新感觉、新乐趣、新眼光、新知识甚至新思想。

二、北京奥林匹克森林公园

北京奥林匹克森林公园位于北京市区北部，地处传统南北中轴线的北端，占地680万平方米。这里是城市向自然山水园林的过渡地带，也是奥林匹克公园的北端点，是奥林匹克公园的重要组成部分之一，所以该公园的设计规划秉承着“绿色奥运、科技奥运、人文奥运”三大理念，以“通往自然的轴线”的理念为指导，运用现代化的技术手段，解决了该项目所面临的严峻问题。

奥林匹克森林公园作为奥林匹克公园的有机组成部分，是奥运中心区重要的景观背景。它既要满足奥运赛事活动的需求，又要打造成一个多功能生态区域，成为一份给各国来宾呈现中国风范的礼物——一个充满中国情调的山水休闲园林。结束对奥运会的服务后，奥林匹克森林公园开始向公众开放，成为市民的休闲绿色空间，给北京留下一份珍贵的奥运遗产。因此，公园的功能定位为“城市的绿肺和生态屏障、奥运会的中国山水休闲后花园、市民的健康大森林和休憩大自然”。

奥林匹克森林公园除了具有美丽的自然景观以外，还有丰富的人文意义。从精神层面出发，公园的设计符合中国文化气质的景观格局，使该公园成为具有文化与历史代表性的人文景观、生态景观、自然景观。

绿色规划是全园规划的主要基调。作为“通向自然的轴线”整体理念的重要组成部分，作为北京市中轴线北向的终结，作为一处城市森林公园，奥林匹克森林公园的设计理念以建设美轮美奂的自然生态系统为终极目标，切实体现可持续发展战略，体现了“绿色奥运”的宗旨。为了实现这一目标，在园林的规划建设中，运用了大量现代科技，这是不同以往的，是公园建设的一次革新。为保障五环南北两侧的生物系统联系、提供物种传播路径、维护生物多样性，设计者还专门设计了中国第一座城市内上跨高速公路的大型生态廊道。

公园形成南区和北区两个部分。考虑到南、北区与城市的距离关系和周边的用地性质、建设时间的不同，南区被设置成以休闲娱乐为主的部分，而北区被设置成以生态保护和恢复功能为主的生态种源地。

公园北部以自然密林为主，成为生态种源地，主要功能是生态保护和生态恢复，尽量保留现有的自然地貌、植被，形成微地形起伏及小型溪涧景观。公园减少设施，限制游人数量，为动植物的生长、繁育创造良好环境。

南部定位为生态森林公园，多构建大型自然山水景观，以创造自然、诗意、大气的空间意境为目的，兼顾群众休闲娱乐功能，设置了各种服务设施和景观，为市民提供良好的生态休闲环境。重要景观区有入口区、主山景区、主湖景区、森林区（原洼里公园、碧玉公园）、景观湿地区等。

主山景区具有极富自然情趣的生态山水环境，成了中心区，打造出了优美如画的背景，让北京中轴线渐渐消融在自然山水之中。龙湖与中心区曲线形的水系，和直线的城市格局对比，在自然的形态中，完成了“奥运中国龙”的存在，曲水架构主轴,游龙若隐,气韵生动;环山主脉蜿蜒,风水流转,气象万千。

主湖景区既是奥林匹克公园龙形水系的龙头部位,位于森林公园南半部居中的位置,与主山景区相互映衬,成为森林公园中最为壮美的自然山水景观画卷。设计师以中国传统园林文化中对仙境的追求模式为蓝本,营造仙山灵岛的氛围。面积达24万平方米的主湖是奥林匹克公园最大的水面,呈现出了公园的灵动之感。同时,主山向西南延伸形成诸多次级山脉,并且根据渐次视域规律,在中轴线两侧设置诸多岛,从而形成均衡而丰富的山水格局。

整个主山主湖区为了呈现出主要景点:"天境"——山顶观景平台、"林泉高致"叠瀑、景观湿地等,没有设置庞大的建筑物,而是种植大量的绿化植被。山顶观景平台是森林公园最重要的景点,呈现出自然的状态,它为游客提供了一个可以回望主湖赏景中轴线、驻足休息的场所。在最高峰下东西两侧山体顶部各设一处平地,为游客提供了良好的视野,以便鸟瞰主湖和中心区景观。

位于主轴线上的湖心岛建设了滨水平台,延伸到水中,把主湖的景致过渡到主山上来,也是中轴线延伸至主山的一个前奏,同时也为游客提供了观景游玩休憩的场所。滨水平台与主山景区的"天境"景点同处中轴线位置,两者高低映衬。该平台上承"天境"的雄阔及天人合一的理念,形成一处以圆形为基本造型的汇聚广场,延伸至水边,同时辅以夜间光表演,其主题为光照形成的弧线变化象征月相变化,既有简练、浑厚的造型,又含悠远、缥缈、轻灵的意境。

"林泉高致"叠瀑位于主山的西南余脉,该景区环境相对封闭,是根据山体自然形成的谷地设计而成的一条溪涧瀑布,从西向东汇入人工湖中,构成山水相依的空间格局。山顶设飞瀑,蜿蜒而下,直汇主湖,林荫小径在溪流上穿行,林泉相映成趣。围绕小溪设计了一系列自然景观,林荫小径在溪流上穿行,形成空间趣味点。

景观湿地也是公园的重要景观之一。在景观湿地内种植各类湿地植物,营造了一个舒适、优美而又生态的自然环境,也使人们在游览过程中,实地接触各类湿地植物,了解其生长特性以及生态功能,达到了教育展示作用。功能上可分为 三大区域:温室教育示范区、湿地生物展示区及游览区,其中湿地生物展示区根据湿地植物的自身属性分为沼泽区、浅水植物区、沉水植物区以及混合种植区。原洼里公园区拥有较好的植被、地形和水体基础,在设计的过程中充分利用了这些条件,保留尽可能多的树木,同时设置相应的各类服务设施。

森林公园始终追求人与自然和谐相处的造园要求，力图打造一个科学的生态体系，所以在景观的设计上，游客可以看见多种多样的自然植物，同时减少了房屋等人为构建的建筑，保留各种特色地貌，使其呈现出自然的景观风貌，实现了“城市的绿肺和生态屏障、奥运会的中国山水休闲后花园、市民的健康大森林，休憩的大自然”的规划目标。

奥林匹克森林公园达到中国传统园林意境、现代景观建造技术、环境生态科学技术完美结合，让奥运会为北京留下一份绿色的遗产。

图7.1　奥林匹克森林公园

三、香港迪士尼乐园

香港迪士尼乐园于2005年开幕，位于香港大屿山，占地面积40多万平方米，是全球面积最小的迪士尼乐园，也是迪士尼的第十一个主题乐园。香港迪士尼乐园是全球第五个以迪士尼乐园模式建造的主题乐园。除了迪士尼经典故事及游乐设施外，香港迪士尼乐园还配合香港的文化特色，配备了一些游乐设施、娱乐表演等，成为游客青睐的主题公园，并产生了良好的经济效益。

当你踏进香港迪士尼乐园，仿佛进入了一个梦幻的童话世界，那些被人熟知、让人喜爱的童话角色真实地展现在眼前，唤起了游客的童心。香港迪士尼乐园拥有7个区域，它们分别是：冒险世界，奇幻世界，明日世界，玩具总动员，美国大道，迷离庄园，野矿山谷。每一个园区都代表了不同时空的迪士尼体验，让你置身于不同的故事情节中。

香港迪士尼乐园入口的大门单独设置，与园区第一区域之间留有距离，形式较为简单，钢结构大门，迪士尼标志性很显眼，方向感明确。平面上有中英文两种语言。

美国大道的起点为乐园的入口处，建筑分布在通向中心广场的大街上。奇幻世界的位置位于中部，与美国大道相邻。米奇的卡通城堡位于远离中心的位置，与中心广场并无直接联系的道路。冒险世界位于中轴线的西侧。明日世界位于中轴线的东侧。美国大道、冒险世界、明日世界、奇幻世界均与中心广场有直接相连的道路。

迪士尼乐园中所有道路系统均为步行道路，园区内的机械交通运输系统主要为单轨列车与环形列车。迪士尼乐园中的道路以环形道路为主。环行线一是以城堡与中心广场为圆心的环形道路，将各个区域串联起来。环行线二包括各个区域内部的环形道路，将各个区域内部的道路串联起来。

香港迪士尼乐园的每一个区域都具有不同的氛围。1955年，沃尔特·迪士尼第一次通过电视节目向观众介绍了迪士尼乐园，在介绍中，沃尔特透露出很多设计的细节与初衷。例如，冒险世界是在迪士尼动画公司在1948年制作发行了一系列自然探险纪录片之后，以此为灵感设计建设的。明日世界是沃尔特为了描述他心目中的新世界、新技术而设计的。奇幻世界则收集了迪士尼的电影动画、卡通形象，汇聚成一处童话乐园。

奇幻世界这一区域的游乐设施包括：爱丽丝奇幻冒险，小美人鱼的海下冒险，小卡西列车巡游，睡美人城堡，小象丹宝，奇幻世界火车站，疯狂的茶杯，小熊维尼的奇幻旅程，小飞侠彼得·潘飞行体验，王子的华丽旋转木马等。在各地的迪士尼乐园中，园区的总体氛围相同，但是各个区域的项目略有不同。在东京迪士尼乐园的奇幻世界中，恐怖修道院也纳入这一区域。在香港迪士尼乐园的奇幻世界中，则有白雪公主的恐怖旅程这一项目。

美国大道是根据沃尔特·迪士尼对于他儿时的家乡——密苏里州马塞林市的记忆而设计的，描述了20世纪中期美国小镇的生活景象。从区位角度而言，美国大道是游客进入迪士尼乐园所看到的第一幕，也是游客离开迪士尼乐园时所看到的最后一幕。根据第一印象效应，第一次接触给人留下的印象，会在头脑中占据主导地位。沃尔特·迪士尼认为，美国大道留给游客的印象在整个迪士尼乐园的体验中显得非常重要。

迪士尼冒险世界这一区域是以异国雨林地区，例如非洲、亚洲以及南美洲的雨林为主题场景而设计的。冒险世界包括的景点有：夺宝奇兵之禁眼神殿，榆林巡游，魔法缇基神殿，泰山的树屋。东京迪士尼乐园中，加勒比海盗项目也包括在这一区域中。

1964年，明日世界最初设计时，沃尔特·迪士尼希望能够展现20世纪三四十年代的风采，以及对于未来的憧憬。从1965年至今，明日世界经过3次重新改造，每一次改造均反映当时的社会中，人们对于未来的幻想。这一区域包括的景点有：轨道旋转器，EO船长，尼莫船长的潜水历险，太空山，星际旅行。

香港迪士尼乐园的每一个区域均有一处建筑比其他区域高，游客可以在该区域的其他点对其进行观察。该标志建筑作为一种地标，可以让游客确定位置。各区域的标志物汇总如下：美国大道——市政厅，冒险世界——禁眼神殿，奇幻世界——城堡，明日世界——马特洪山，迷离庄园——迷离大宅，玩具总动员——小矮人跳伞，野矿山谷——极速倒驶。

这是设计者提出的标志物概念，被迪士尼公司称为关注点。该词取自早期的无声电影，是指在每个情节中吸引观众进入下一个情节的主要视觉镜头。园区的关注点为迪士尼城堡。游客可以在乐园的各个地区看到城堡的尖顶，配以身边的建筑和周围的景观，让人仿佛置身于梦幻的童话世界中。

图7.2　迪士尼乐园

四、北京皇城根公园

北京皇城根公园也称北京皇城根遗址公园，是北京市整体规划、改善城市居民居住环境、保护古都风貌的重要工程。从元代起，北京城由紫禁城、皇城、外城三个部分组成，最里面的是紫禁城，即故宫，最外面的是外城，即二环路一线，中间为皇城。皇城根是北京人熟知的地名，公园的选址就位于明清时期北京城的

"东皇城根"遗址上。因为城市建设,北京内城城墙已被拆除,只留下约200米长的城墙遗址。设计师巧妙地运用民间收集的明代大城墙砖灌浆密砌,外面刷红,顶盖金黄琉璃瓦,将几百年前的面貌再现,并把这段城墙作为标志物,沿此方向修建了带状的公园。

该公园坐落在紫禁城与王府井步行街之间,长2.4千米,宽29米,总面积7.6万平方米,是北京市中心的绿色长廊。在这个开放式的立体空间里面,种植了数千棵各种树木、3万多株花卉和灌木,成了北京市中心的绿地。在公园中设置了阶梯式喷泉10处,展示原城墙实物3处,以及数十处城市雕塑小品和休闲建筑等,为市民提供了休闲娱乐的绝佳场所。

设计者将城墙遗址或历史水系设计成主轴,并沿着观赏路线设置相应的景区,每个景区都因主题的不同而具有不同的名称。皇城根公园是利用遗址建立起来的,所以带有历史的印记、传统的味道,但为了适应现代人的生活、审美需求,在设计师又加入了现代的元素,使新旧元素形成对比,并产生和谐的美感。公园建成以后,获得民众的好评,并入选了"北京市精品公园"。通过现代与古典结合的设计手法,公园唤醒了人民对于传统的记忆,激发出人们对北京皇城的回忆。皇城根遗址公园为了展示古都的历史风貌,展现城墙遗迹,特意在公园北端的遗址上复建了一小段城墙,并选取东安门、北大红楼、南端点、北端点等节点,挖掘、展示地下墙基,建设自然景观,通过雕塑打造历史意境,将北京古城的形象完整地表现出来。

整个公园分为南广场、梅兰春雨、东安门遗迹、御泉夏爽、银枫秋色、松竹冬翠、四合院和城墙轨迹等景区。其中梅兰春雨、御泉夏爽、银枫秋色、松竹冬翠主打植物造景,种植大量的传统庭院植物,并将道路的颜色设置为青色,与植物相呼应。有些植物的种植排列成规则的色块和色带,还通过喷泉和雕塑的运用带来了现代的气息。

从公园的南端开始,依次是欧美同学会、老舍故居等历史遗迹,对于这些古建筑采用的是保起原样的手法。通过建筑的古朴造型,民众一入园就能感受到浓厚的历史氛围,仿佛进入了时间隧道,面对这一段段凝固的历史,追古抚今,无限感慨。

公园以北,是著名的"五四大街",这里屹立着一座极具革命意义的建筑——北大红楼,红色的建筑在阳光下熠熠生辉。尽管时间如水,但北大红楼却见证了中国历史上许多历史事件,它是"五四"运动的策源地。众多的共产党人,在这里留下了光辉的足迹。站在遗址公园的民主广场,仰望这座充满活力与希望的楼，不禁令人回忆起那段如火如荼的革命年代。

途经中法大学原址后，便能看见公园的标志建筑——明代古城墙。青砖红墙的传统手艺，裸露的断口处青砖参差不齐，仿佛在述说一段历史，呈现了皇城根的过去和现在。如今皇城根遗址公园鲜花盛开，四季常青。通过自然景观的设计与人文景观的结合，让人获得视觉和精神的享受。各个景区都以历史文化要素为核心，进行景观的打造，让风景与历史故事相呼应，让市民在休闲娱乐中，不知不觉加深对历史的了解，体现了“怡神养目时追怀历史，谈笑古今时秀色可餐”的意蕴。

第八章　城市广场

第一节　概述

一、城市广场的发展

城市是社会生产力发展的必然产物，是人类文明进步质的飞越。随着城市的产生，城市广场作为城市的重要组成部分，早在原始社会后期便有了雏形。在仰韶村落遗址发现了一块约4000平方米的中心空地，据研究人员鉴定，这一中心空地可能是为我国最早意义上的广场，主要供部落集会或是祭祀祖先。从奴隶社会开始，我国逐渐发展出各式各样并独具特色的广场，如宗庙广场、阅兵广场、殿堂广场等。

封建时代有两类广场较为突出，即政治气息浓厚的宫廷广场和民间聚会活动广场。宫廷广场是皇帝活动的重要场所，唐代长安宫城正门（承天门）前的横街，其面积达到124万平方米，实际上是规模庞大的广场。北宋时期，东京宣德门前有一段宽达300米、半开放式的宫廷广场，每逢节日任人游览，皇帝则在城楼上观灯赏景，与民同乐。

在民间，市民居住空间是由街道和院子组成的，大多呈封闭式空间，这种封闭的静态结构，无法举行公共活动，只有在具有活动空间的庙宇前庭才得以实现。因此，庙宇前庭成为一个极有生命力的广场空间，市民经常在此举行斋会、表演杂技、设摊买卖。随着“瓦肆”的出现，宋代开始在各条主要街道交汇之处，以商业店铺形成封闭的广场空间，设有样式多样的货物交易，也有专门表演杂技、曲艺的“勾栏”，形成了“士大夫必游，天下术士皆聚”的集市广场。随后又形成了城镇聚落广场（如四川罗城戏台广场）、与寺庙相结合的广场（如南京夫子庙广场）等规模小、功能单一却具有独特文化价值的民间传统广场。

到了民国时期，国民党政府在城市建造中崇尚西方的广场模式，摒弃了中国传统广场建设文化。1949年中华人民共和国成立以后，中国的城市建设在苏联的指导下，又开始了新一轮的古典主义实验，全国各地为配合重要仪式性活动的展开，相继建设了城市中心广场。这些城市中心广场建设具有大型化、模式化特征，人们很难看到具有中国传统文化的城市中心广场。

改革开放以来，随着中国经济的快速发展，外资的进入，城市建设热潮更是胜过以往任何时期。20世纪90年代，全国各地都在飞速发展，各地城市广场建设蓬勃兴起。广场建设的理念与中国近代的广场理念区别不大，仍然将城市广场当作城市空间的景观装饰，是美化城市的空间手段，而城市广场的精髓（作为市民的公共活动空间）却很少顾及。

进入90年代中后期，“可持续发展”“生态城市”“生态建筑”“人居环境”“人居幸福感”等城市未来发展课题的探讨和实践才进入城市建设的视野。关心人们的需求，提高个人活动在公共空间中的价值，成为当代城市广场建设考虑的重要因素。如湖北襄樊市的城区人口不到50万，但是2000年前后，兴建或扩建了10多个城市广场，仅诸葛亮广场的投资就近亿元。直到2004年，国家发改委等部门采取行政介入手段，广场建设才进入平稳时期。

二、城市广场的类型

城市广场具有不同的分类方式。城市规划和建筑设计学者大多按空间形态的不同分类，如中国学者徐思淑、周文华将城市广场分为平面形态和空间形态，认为平面形态可以分为规则和不规则两种，而空间形态又可以分为上升式（又称平台式或架空式）广场和下沉式（又称盆地式）广场两种。蔡永洁则将城市广场分为伸展式广场、集中式广场、环形广场、组合广场、碎形广场等。

城市广场具有不同的性质。本书按城市广场的主要性质，将其分为以下六类：

（一）市政广场

市政广场大都与市政府相邻，是城市的行政中心。市政广场的出现是市民参与市政和管理城市的一种象征。它一般与繁华的商业街有一定的距离，这样可以避开商业广告、招牌以及嘈杂人群的干扰，有利于广场形成庄严的气氛。周围可能会有博物馆、科技馆等公共服务机构。广场应具有良好的可达性及流通性，通向市政广场的主要干道应有相当的宽度和道路级别。广场上的主体建筑物一般是政府办公大楼，该主体建筑也是室外广场空间序列的对景。为了加强稳重庄严的整体效果，市政广场的建筑群一般呈对称布局，标志性建筑位于轴线上。人们在市政广场主要进行游行、集会、庆典、检阅以及其他民间节日活动。由于市政广场会举行大型团体活动，所以以硬地铺装为主，适当点缀绿化景观与艺术小品。

（二）纪念性广场

现代城市的纪念广场以历史文化遗址、纪念性建筑为主，或在广场中心修建纪念物，如纪念碑、纪念塔、纪念馆、人物雕塑等，还提供人们休息、活动的相应设施如座椅、垃圾箱、灯、展板等，供人们缅怀历史事件和历史人物。纪念广场因其性质，必须保持环境幽静，所以，选址尽量避开喧闹繁华的商业区或其他干扰源。纪念广场一般采用规整形，有足够的面积和合理的交通，与城市主干道相连，广场上的车辆畅通无阻，行人与车互不干扰。广场还有足够的停车面积和行人活动空间。主题性纪念标志物根据广场的面积确定其尺寸的大小。广场的设计手法、表现形式、材质、质感等方面，与主题相谐调统一，形成庄严、雄伟、肃穆的环境。

（三）文化广场

文化广场具有较强的文化气息，通过其本身的历史文化和艺术性向人们展示魅力。现代文化广场体现出人性化，遵循以人为本的原则，以绿化为主，给人以静谧安逸之感，其文化主要表现在建筑物、雕塑以及围合而形成的整体空间形态。建筑物形式精美，雕塑往往出自名人之手。广场的每一个角落都不单调乏味，而能让人浮想联翩。

文化广场中应设置各种服务设施，如厕所、小型餐饮厅、饮水器、交通指示屏等。还应设置灯、椅子、遮阳伞、残疾人通道、果皮箱，配置灌木、绿篱、花坛等，处处体现以人为中心，时时为人服务的宗旨。利用地面高差、绿化、雕塑小品、色彩和图案等多种设计组合，进行空间的分割，达到空间的层次感，以满足不同文化、不同层次、不同习惯、不同年龄的人对文化空间的追求。

(四)商业广场

广场曾经有一项重要的功能就是市场。露天市场这种经营形式自古就有,因为在广场上摆摊节省费用,相应的商品价格也较便宜;其次是简捷方便,有利于招揽顾客;另外,还能让人们感受到热闹的生活气息。随着城市的发展,人们对卫生及居住环境要求提高,这种形式在城市中已被商场等场所取代。商业广场是现今城市中最为常见、发展最为迅速的一种,大都位于城市的商业集中区,是城市生活的重要中心之一。其典型特征是,与周围的商业区域相连,或是商业区的中心,或是商业建筑的附属,建筑的内外空间相互渗透,商业活动亦内外互动,相互延伸,形成热烈、活跃的整体气氛。

商业广场的形态布局、空间特征、环境质量以及所反映的文化,是体现一片城区或一座城市生活式样的舞台。一般来说,商业广场反映了人们日常的生活形态,是游客评价一座城市是否繁荣和充满活力的重要参照。

商业广场根据所在商业环境的特点,确定不同的空间组合,配置满足商业活动需要的功能设施,并在其中设置绿化、雕塑、喷泉、座椅等景观小品和娱乐设施,汇聚人气,使游客能够长时间逗留。

(五)游憩广场

游憩广场是市民和外地游客最乐意去的广场类型之一。它主要是为游客提供放松、休闲、游憩的舒适环境,是展现市民生活品质的重要场所。游憩广场的位置选择比较灵活,可以处于城市中心区,也可以位于居住组团内,还可以建在街道的两侧。广场中应布置台阶、座椅等供人们休息,设置花坛、雕塑、喷泉、水池以及其他细节丰富的城市景观小品供人们观赏。

游憩广场的平面布局形式灵活多样,不像前几个类型的广场有一个中心,所有要素都为中心服务。它可以是无中心的、片段式的,可以分为多个相对独立的小空间,每个小空间围绕一个游憩活动主题。它整体上是轻松的,向人们提供一个放松、休憩、游玩的公共场所。因此,整个广场无论面积大小,从空间形态到细节尺度,从服务设施到景观小品,都要符合人的环境行为规律和生理机能要求,使人的活动自如、轻松、安全并乐于其中。

（六）交通集散广场

这类广场是城市交通重要的组成部分，其首要功能是合理、有序地组织城市的交通，有效地疏通人流、车流等。城市中，一般将此类广场修建在交通量很大的地方。主要的交通广场包括站前广场（站前广场对城市旅游具有重要的引导和指示作用）、环岛广场等，有时要修建多层广场（地面、地下和架空结构的广场），以便在不同高度上疏导城市交通。

干道交叉点的交通广场：这类广场应着重处理好广场与所衔接道路的交通组织，尽可能减少不同流向人、车的相互交叉干扰。桥头广场应注意结合河岸地形，桥路高差，引导纵坡，坡长限制及交通流量、流向、毗连建筑特点等来建设，合理确定交通组织方式和广场平面布置。

集散广场是指站前广场及大、中型文化体育设施前供人和车集散用的广场。站前广场位于城市对外交通、市内交通的衔接点，又是人流、车流频繁，连续集散的场所，与城市干道交叉点的交通广场有明显的区别。建设中应根据其交通频繁、连续集散的特征，人车流高峰累积量大小，合理安排上下车，人流、货流进出通道和停车场地。步行活动地带尽可能减少进出广场时人流、车流的交叉干扰，保持城市道路的交通畅通等。大型工厂、体育馆、剧院和展览馆前的广场，应把停车、前往参观的人流和上下班的人流分开。

三、城市广场的作用

城市广场是经过空间艺术布局，四周建有某些建筑物、构筑物或绿化的开阔空间。它是城市空间体系中的一个组成部分，其功能按其在城市中的位置而定。在人流集中的地带设置广场，可起到缓冲作用；在社会性较强的主体建筑前配置广场，可突出主体建筑；在干道互相交汇的地方设置广场，能改善道路交通。城市广场的作用主要有以下四点。

（一）城市广场是城市居民的“起居室”

城市广场作为人们散步休息、接触交往、购物和娱乐等各种活动的场所，具有进行公共生活的用途，如同家庭中的起居室能使人意识到家庭的存在一样，广场使人们更加意识到社会的存在。

(二)城市广场是交通的枢纽

广场作为城市道路的一部分,是人、车通行和停驻的场所,起到交汇、缓冲和组织作用。街道的轴线,可在广场中相互连接、调整,这样也加深了城市空间的相互穿插和贯通,从而增加城市空间的深度和层次。

(三)城市广场使周围建筑形成整体

广场附近的建筑限定了一个空间,而这个空间又把构成它的建筑组成一个有机的"群",使各个建筑联系起来,形成连续的空间环境。

(四)城市广场给城市生活带来生机

广场内引进不同功能的建筑,配置绿化、商品,有利于在广场内开展各种活动,为人们的共享创造必要的条件,强化了城市生活的情趣,构成了丰富的城市景观。

第二节　城市广场修建原则

一、以人为本的原则

满足市民居住幸福感的人性化设计是现代设计的基本要求，也是当代城市广场的基本价值取向，是环境行为和环境心理在城市公共空间设计中的具体表现。建设这些公共空间的目的就是使人们可以方便、舒适地进行多种活动。因此，要创造出不同性质、不同功能、不同规模、各具特色的城市广场，满足市民的多样化需求。

处于公共空间中的人有各种不同层次的心理需求，一是生理，即人体机能的起码需求，要求公共空间方便、舒适；二是安全，是人保护自身不受各种伤害的需求，要求公共空间能为人提供安全的心理保证，防止外界对身体、精神等方面的潜在威胁，使人的行为不受周围环境的影响；三是交往，这是人作为社会一员的基本需求。每个人都有与他人交往的愿望，如困难时希望能在与人交往中得到帮助，孤独、悲痛时希望能在交往中得到安慰与分担，快乐时希望能在交往中与人分享；四是实现自我价值的需求，人们在公共场合中，总希望能引人注目，引起他人的重视与尊重，这是人的一种高级精神需求。

因此，城市广场的修建需要充分研究和把握人在城市广场中活动的行为心理，尽可能满足不同层次的心理需求。

二、地方特色原则

地方特色包括两方面：一方面是社会特色；另一方面是自然特色。

首先，城市广场设计要重视社会特色。将当地的历文化（如历史、传统、宗教、神话、民俗、风情等）融入广场设计当中，以适应当地的风土民情，突显城市的个性，避免千城一面、似曾相识的感觉，并区别于其他城市的广场，增强城市的凝聚力和城市旅游吸引力，给人们留下个性鲜明的印象。如哈尔滨市，因其历史的原因，使这座城市的建筑独具特色。庄严雄伟的圣·索菲亚教堂、造型奇特的俄罗斯木屋，典雅别致的哥特式楼宇、豪华的欧式建筑令人赞叹。

其次,自然特色也是不可忽视的,要尽量适应当地的地形、地貌和气候。不同的地区,气候、地势、自然景观均有所区别,每一个城市广场的道路交通、周围建筑、日照、风向等因素也各不相同。我们设计时,要考虑该城市的地形、地貌特征,利用原有的自然景观、地势的高低起伏来考虑广场的布局和形式,将广场巧妙地融入城市环境中,达到虽由人作、宛若天开的效果。可采用阶梯、平台、斜坡等手法,增加其层次感,或利用空间组合和标志物的造型以突出地域特征。追求地域的认知感,可以使广场具有可读性和高度印象性,成为一个城市的象征。

根据不同地区的气候,在设计城市广场时,应注意选择不同方案。例如,北方日照时间短,冬天气候干冷,选择树种要耐寒冷,四季不易落叶。广场座椅不应以石材为主,以免冬天坐起来不舒服,可选用木质材料。如采用喷水池,应考虑冬天滴水成冰的寒冷气候。对于南方城市广场,因气候炎热,要选择一些高大的树种,起到让人们避暑纳凉的作用。城市广场的一草一木、一砖一石都要体现对人的关怀,适应人的感受。

三、可持续原则

城市广场被人们称为城市的客厅、市民的起居室。我们在修建广场时,不但要满足人的需要,打造宜人的生态环境,还要考虑经济效益。一个成功的城市广场,可以带动广场周边的旅游、生态、商业、交通的发展,为经济发展提供良好的外部环境,创造可观的经济效益,还可提升城市的知名度,有利于城市现代化、国际化的进程。据专家统计,上海市规划局对本地园林绿地所带来的产氧、吸收二氧化硫、滞尘、蓄水、调温进行量化,发现每年的绿化效益竟达89.49亿元。所以设计时,应注重经济效益、社会效益,不但要注重近期利益,还要注重远期效益。不能为片面地追求经济效益而破坏生态环境,应为我们的子孙后代留下一个良好的可持续发展空间。

第三节　名园欣赏

一、北京天安门广场

天安门广场位于北京的中心地带，属于市政型广场，其平面的组合形式为单一型，断面形式为平面型。它占地面积44万平方米，东西宽500米，南北长880米，地面全部由经过特殊工艺技术处理的浅色花岗岩条石铺成。广场每天清晨升国旗和每天日落时分的降国旗是最庄严的仪式。天安门广场是许多重大政治、历史事件的发生地，是中国从落后到崛起的历史见证。

天安门广场记载了中国人民不屈不挠的革命精神和大无畏的英雄气概，一二·九运动、五四运动都在这里为中国现代革命史留下了浓重的一笔。新中国成立后，天安门广场拓宽，并在广场中央修建了人民英雄纪念碑，后又分别在广场的西侧修建了人民大会堂，东侧修建了中国革命博物馆和中国历史博物馆，南侧修建了毛主席纪念堂。

（一）历史变迁

明成祖朱棣从1417年开始营建北京，历时十八年建成宫殿，天安门广场即在此时修建。天安门广场原为T形广场，由大明门（后改名大清门、中华门），长安左门和长安右门以及千步廊合围而成。民国时期拆除了千步廊。

1949年10月1日，中华人民共和国成立。1954年扩建了天安门广场，拆除了中华门、长安左门和长安右门、户部、刑部等衙署以及仓库、棋盘街等建筑，遂成现在的规模，并在广场中修建了人民英雄纪念碑。到国庆10周年时，已建起人民英雄纪念碑、人民大会堂、观礼台、中国革命博物馆、中国历史博物馆等雄伟建筑。

1977年在广场南原中华门的位置修建毛主席纪念堂。同时，对天安门广场进行了第三次扩建。

1999年10月1日，举行国庆50周年大典。在大典之前，天安门广场再次进行了大规模改造，天安门广场的地砖全部更换，以浅色花岗石铺地，以两块四季常绿的大型草坪点缀，在庄重中透射出美丽。目前，广场总面积达44万平方米，是世界上最大的城市广场之一。

(二)天安门广场空间设计的相关要素

1. 选址与布局

天安门广场位于北京市区中心纵横两条轴线上。广场中央矗立着人民英雄纪念碑和庄严肃穆的毛主席纪念堂,广场西侧是人民大会堂,东侧是中国革命博物馆和中国历史博物馆,南侧是正阳门,北侧是天安门城楼。

由此可见,天安门广场布局采取对称式,在中轴线上有天安门、人民英雄纪念碑、毛主席纪念堂、正阳门等建筑。整个广场宏伟壮观、整齐对称、浑然一体、气势磅礴。

2. 规模与特色

天安门广场面积达44万平方米,广场中心干道可同时通过120列游行队伍,宽阔的广场可容纳100万人游行集会,已成为人民政治集会和重大节日庆祝活动的场所,也是举办国庆庆典的场所,可见其规模之大,是当今世界上最宏大的城市中心广场之一。

在广场的最北端,是金碧辉煌的天安门城楼。天安门前,鲜艳的五星红旗迎风招展,高高飘扬。巍峨的人民英雄纪念碑,耸立于广场中央。碑南是庄严肃穆的毛主席纪念堂,再往南则是高大典雅的正阳门城楼与箭楼(俗称大前门)。这些宏伟的古今建筑群,自北而南坐落在一条中轴线上,令人瞩目。同时,广场西侧的人民大会堂、东侧的中国历史博物馆和中国革命博物馆的有力衬托,使整个广场构成了一幅气势磅礴、无比壮观的动人画卷。雄伟的天安门广场是中华民族的光辉标志,是新中国振兴腾飞的象征。由于这里政治地位显赫,历史文化内涵极其丰富,所以举世闻名,万众向往。每天都有无数中外游人前来这里观光游览、摄影留念,观看每日早、晚的升、降国旗仪式,整个广场呈现一派祥和、幸福的美好景象。

3. 尺度与围合

天安门城楼高33.7米,东侧中国历史博物馆高39.83米,西侧人民大会堂高46米,中央人民英雄纪念碑高37.94米,毛主席纪念堂高33.6米,周边建筑垂直界面的平均高度是38.21米。天安门广场是政治中心和文化中心,广场的规模为百万人广场,由此决定广场的规模很大,为了确保广场空间产生向心内聚而不离散的围合感,通过对广场周围的建筑立面进行处理,例如天安门广场周围的人民英雄纪念碑、中国历史博物馆等建筑的立面比较厚重，而且尺度巨大，从而可以配合这样一个尺度较大的广场。

天安门广场周边的垂直界面在水平方向的围合方式是四面围合，但北侧的天安门城楼与广场隔着一条长安街，同时东西两侧的人民大会堂和中国历史博物馆也与广场隔着一条路，只是广场南面与人民英雄纪念碑、毛主席纪念堂相连，因此广场也可以看成是单面围合。

4. 空间层次

天安门广场的面积大，开放等级高，氛围热烈嘈杂，私密空间弱。在人民大会堂和革命、历史博物馆之间建立了毛主席纪念堂和人民英雄纪念碑，丰富了广场的内容，增加了广场的空间层次，使人不感到空旷。毛主席纪念堂处于天安门广场的中轴线上，使得纪念堂和天安门城楼遥遥相对。又由于毛主席纪念堂的体量相对较小，把它建在人民大会堂和历史博物馆两大建筑之间，宛如“众星捧月”，更加突出了毛主席的伟大形象。广场空间中的建筑群形成的空间层次不同，给人的感受也不同。纪念碑全高37.94米，比天安门高4.24米。人民英雄纪念碑这一纵向建筑与绵延平铺的故宫横向建筑形成了鲜明对比，增强了广场南北之间的空间层次。

5. 环境设计

天安门广场主要供人们集会、联欢等用，要求能容纳众多的人群，又能迅速地集散，广场绿化布置应该壮丽雄伟。广场中心花坛布局随着集会和节日联欢活动的不同内容而变化。花坛起着很重要的绿化和美化、造景作用，成为广场的软质景观之一。

天安门广场的水体，主要是中心花坛内部的喷泉，既有喷泉，又有水下彩灯和泛光照明，达到“白天赏花，夜晚观景”的效果。1997年之前的喷泉并不是广场的核心景观，只是充当花坛的点缀而已。1998年扩建的广场中心花坛内的大型喷泉水池直径为30米，主喷高度达18米，安装了先进的水下彩灯。2006年有了较大进步，中心水池直径30米，喷泉主喷高度达到了38米，独立水型达25种。喷泉成了中心花坛的点睛之笔。

天安门广场的地面铺装经过几次大的改造后，最终采用了浅色花岗岩作为地面铺装材料。花岗岩的膨胀系数小，经得住比较大的温差，抗压强度高，坚固耐磨，比较理想。铺装花岗岩的面积总共为15.69万平方米。浅色花岗岩不仅满足景观要求，且有很好的视觉效果。

天安门广场的景观灯是环境设施的重要组成部分，既有装饰功能，又有实用功能。景观灯不分昼夜地发挥着其特有的功效，白天展示着独特的艺术造型，夜晚放射着美丽的光芒。

（三）天安门广场设计遵循的原则

天安门广场的设计充分体现了以人为本、地方特色和突出主题等原则。例如广场的规模、周围建筑及中心花坛，都突出广场是重大政治、历史事件的发生地，是政治中心、文化中心和人们休闲活动中心等主题。节日时，政府会对广场进行装饰，举办活动，丰富人们的生活。

图8.1　天安门广场

二、重庆三峡广场

随着人口增长、多元文化交流以及社会经济的发展，景观环境设计的内容有了大范围的扩展，其中主要的一点就是从人类的心理需求出发，根据人类在环境中的行为乃至精神活动的规律，利用心理、文化的引导研究如何创造使人赏心悦目、浮想联翩、积极上进的精神环境。重庆沙坪坝三峡广场的建设正顺应了这样一个大的发展趋势。

（一）沙坪坝三峡广场概况

沙坪坝是重庆市的科教文化中心和商业中心，人口众多，需求也是丰富多样的。1997年至2000年，沙坪坝区陆续建成绿色艺术广场、商业步行街、名人雕塑广场和三峡景观园，极大地改变了城市形象，同时也为群众提供了文化交流、商业活动、娱乐休闲的良好场所。

（二）三峡广场的认知和感觉

对环境的认知，也可以理解成从环境中得到信息。人正是从环境的刺激中收集各种信息。人的眼、耳、鼻、舌、皮肤等作为接受刺激的感觉器官，向大脑传送刺激，使大脑产生了判断和行为等。下面我们主要从视觉、听觉方面来加以分析。

1. 视觉空间

人从环境中所接受到的信息大部分要通过视觉、听觉和嗅觉来感受，其中视觉可以得到听觉的千倍以上的信息，所以视觉空间才会具有方向稳定性和安全感。三峡广场景观空间的复杂性和丰富性，为人们提供了较多选择，在视觉上也给人们提供了丰富的体验。但是三峡广场水景区公共空间的景观在设计时脱离了与周边建筑的协调，使原本很好的景观成为人们视线的障碍。

2. 听觉空间

在人类的生活中，声音在各处都可以听到。听觉具有引起人们注意的重要作用，但并不是所有的声音都是有益的，噪声引起的问题已经成了人们关注的对象。它给人们的健康带来了影响，在心理上产生种种压力。如何利用声音使其对人们有利？三峡广场采用水景来处理，既引入了水体，给广场带来活力，为人们带来了亲水的地方，同时，流水由于高度的限制，声音也不大。周末开放的喷泉和水幕电影也严格控制了时间。在噪声处理这一点上，三峡广场做得较为成功。

（三）三峡广场空间属性对人的行为的影响

三峡广场内商户的多样化以及大量的街道设施，使街道充满活力，从而吸引了异常丰富的人群。既有那些心中已有确定目标的人，也有随意闲逛的，还有只观赏商品陈列橱窗的人。商品既有适合年轻人的，也有适合老年人的（从玩具到电器以及衣服、高档的家居装饰、珠宝以及艺术品等）。餐饮的选择也是非常丰富，从昂贵雅致的食品到快餐、饮料等，不少餐店外延至人行道。光临此处的顾客，既是这幅市井风情画的一部分，同时也是观看熙熙攘攘人流的观众。不同的空间及设施给人以不同的感受，不同的审美观也使人们对同一处空间有着不一样的感觉。

1. 活动设施的影响

人是依靠自己的行为接近环境，并通过对环境的觉察，从环境中得到关于行为意义的信息，进而决定行为方式。公共空间，作为环境的一部分（在这里是指包围着个体的外界事物），它提供给人们的不仅是满足心理需求的安全、健康的生活空间，而且是一个尽可能方便舒适的环境，使人们在这样的环境中，心情舒畅、精神饱满，迅速消除疲劳，最快地恢复精力，以利于人的潜在效能得到最充分的发挥。名人雕塑广场与绿色艺术广场交界处的活动空间就是一个很好的例子。最有意思的是位于两排树之间的平面为“日”字形的健康路，由小石子铺成，赤脚在上面走可以按摩脚底穴位，有益健康，所以备受老年人青睐。许多年轻人也跃跃欲试。那两排树起到了重要作用，既划分了空间，又使广场上的人能清楚地看到那些健身器材。这个场所符合了人的心理需求，因此它是成功的。

2. 尺度的影响

考虑到位置及环境的不同，设计广场的尺度时，合适的尺度是25米~100米。三峡广场的围合界面间的距离正好处在上述范围之内。所以，在三峡广场内，人们购物、逛街、休闲、娱乐都觉得很方便和舒适。这也是广场内人气兴旺的客观条件之一。

3. 亚空间的影响

三峡广场面积很大，它由四个广场组合而成，相当于被分成若干亚空间，给使用者提供不同感受。广场利用布局和高差的变化、多样化的植物、座椅布置和各种景观设施来创造亚空间。亚空间之间彼此隔离，但又不会让使用者在空间中产生孤独感。亚空间的尺度也比较恰当，人们在独坐或周围仅有几个人时，即使是在夜晚也不觉得孤独或疏远，从而给人们距离与空间上的舒适感。

4. 座位的影响

三峡广场内的座位基本满足了广场上常见的各种类型的休息者的需要，卖报的小贩、聚会的朋友、约会的情侣……广场座位的布置考虑了不同闲坐者的不同需求。为了增加广场的整体座位容量,辅助座位也融入了广场设计中,以免人数较少时,使用者置身于其中而感到不安。三峡广场内有一些座位的排列呈环形或者朝外部,允许人们同陌生人挨得很近,但不必进行视线接触。通过花池或其他要素的布置,为一些座位创造了私密感,让人们在广场中有了私密交流的场所。

从以上的分析中我们不难看到,在设计中运用建筑心理学的知识解决人与环境的冲突,能够协调人类行为与环境的关系。这是每一位设计工作者所应追求的目标。毕竟,设计的产物都是为人而设计的,如果不考虑人们的心理要素,单从设计者的审美心理、感受、需求等方面考虑,注定是失败的。所以,沙坪坝三峡广场的设计是成功的,它满足了大多数人的行为需求。

图8.2　三峡广场

三、四川都江堰广场

都江堰广场位于四川省都江堰市。都江堰是我国现存的最古老而且依旧在灌溉农田的世界级文化遗产。广场位于城市中心,占地11万平方米,柏条河、走马河、江安河三条灌渠穿流而过,同时城市主干道横穿东西,广场被分为四块。设计该广场时,设计师从地域的自然和文化变迁、场所的现状以及当地人的生活及休闲方式诸方面入手,分析问题和解决问题,强调广场的纪念性、文化与旅游功能,主张设计源于解读地域、历史和生活。与此同时，设计始终强调广场对于当地人的使用功能，把广场的亲民性放在第一位。具体表现在：

（一）多元化的空间

无论是欧洲的古典广场和城市，还是中国封建都城（如紫禁城）及神坛（如天坛），都是通过明显的轴线和占绝对核心地位的一个中心（如雕塑、喷泉）来形成一元化的空间，以表达绝对权力的存在。这是与日常生活的社区广场的主要区别。强调广场的人性与公民性，就必须打破在封建极权意志下形成的一元化空间形式，形成多元化的空间。而都江堰广场也有一个作为中心的主雕塑，高30米，但又利用河流和城市主干道切割后形成四个区域。这四个功能相对有别但又互相融合的区域，动中有静，静处有动，大小空间相套。

第一区以观演广场为主。设有舞台，作为演艺场所和晨练场所；同时又有滨河休闲带供使用者静处、散步或赏景，还有林下休闲区供南部居民区的使用者小聚聊天、晨练。

第二区以水景和平地广场为主。清晨和傍晚，常有大量的群众性体育活动开展。与对岸第一区的滨河休闲走廊相呼应，设大量石条凳，以供休憩、观景。

第三区以旱地喷泉为主，吸引大量儿童和成人观赏。南、西两侧为樟树林，为游客提供大量的林下休息空间。西侧滨河带则同样提供石条座凳，可以近观河水。

第四区，桂花林下的袖珍空间。5米见方，适合三五成群的麻将和玩牌者，而这正是当地民众的喜好。这种空间设计源于原场地中土坑的尺度，因为当时现场考察发现，这些土坑加上曾用于拴缆绳的水泥墩，是牌友们最喜爱的场所。

在第二区和第四区之间，是一下沉广场，与隧道相结合，沟通两区，叠瀑环绕，形成一种体验空间。

（二）参与交流和聚会的场所

广场的设计从总体到局部都考虑人的使用需要，使广场真正成为人与人交流和聚会的公共场所。

观演式交流：在观演舞台的设计中，演出、观看、伴奏和后台排练，都通过景观设计的空间处理手法，形成既有联系又相互分隔的空间。

集体自由交流:水景和平地广场区则为不同时段和不同人群提供了更为灵活多样的交流与聚会的场地。镂墙、水景、楠木林和草地,形成了多种富有情趣的空间。

小群体交流:樟树林下,桂花林"盒子"空间,最适于三五成群的牌友和聊天休闲者驻足。

(三)人性化的设计

提供阴凉:结合地面铺装和凳子,在四个区内都设计了树林,在瞬时人流量较大的区域种植分枝点较高的楠木和樟树,而在以小群体交流为特征的区域,则种以分枝点较低的桂花树。

凳与台阶:在广场和草地边缘、水际、林下设置大量的条石凳,让爱好休闲的人有足够的休憩机会。台阶和种植池也是良好的凳子。

提供瞭望与庇护的机会:看和被看是广场上最生动的游戏。林荫中和隐蔽处、广场和草地边缘,都是最佳的"窥视"场所,因而是设置座椅供休憩的合适场所。而在明处或广场中央则设计活跃的景观元素,如喷泉和水体,吸引人的参与,使其无意间成为"演员"。

普适性设计:广场的设计考虑了各种人的使用方便,如年轻人、儿童、老人、残疾人等。

(四)可亲可玩的水空间设计

玩水是根深蒂固的一种本性。水空间的多样性和可戏性是本广场设计的一个主要特色。分割广场的三条灌渠,原来水流湍急,波涛汹涌,只可观,不可亲,不可玩。见如此好水只穿流而过,当地人和设计者都感可惜。所以,设计师引河渠之水入广场,使人触手可及。

四、武汉首义广场

武汉首义广场从北至南可以分为三个板块,分别是"走向共和"板块、辛亥革命纪念馆区板块和纪念公园区板块;如果按照时间轴划分,从南至北可以分为首义枪声、中华之光、铁血神州、走向共和四部分。首义广场的景观设计还包括从南至北的首义纪念景观轴以及从东至西的生态景观轴,这些轴线和板块将首义广场各部分的景观连接在了一起。

（一）纪念广场区的设计分析——走向共和

首义广场从北至南第一个板块就是纪念广场区。在这一板块中，最突出的两大标志性建筑就是红楼和十八星广场。这两个建筑在纪念广场区的北部，而纪念广场区的南部最突出的就是“走向共和”群雕。纪念广场的色彩、铺装图案与博物馆相呼应，同时吸收了楚文化装饰特点，广场主体铺装采用黑红灰三色，分别运用济南青、天山红和芝麻灰三种石材。铺装纹样取自楚文化中丝织品的“纬线起花”绦，鲜明地反映了武汉所代表的楚文化的浪漫主义特色，与首义广场代表武汉形象、展现历史文化的主题相呼应。

纪念广场区的南部与北部相比，石头、建筑等类别的景观设计相对较少，也是整个首义广场景观设计最少的地区，但是这一区域是整个首义广场生态景观最多的地区。首义广场是全国种植树木最多的广场，不但数量多，而且树木的质量也都属上乘，主要包括雪松、棕榈等，辅之以灌木和绿茵，达到了很好的视觉效果和生态效果。

纪念馆区的亮点景观就在广场上的喷泉。喷泉周边地面采用花岗岩铺设，并且以喷泉为中心留出了大面积的活动场地。喷泉东西两侧分别用树木形成了两个树阵，树阵的内侧是以喷泉为中心的广场活动区，外侧是地下商业区的入口处，树阵的下方设计了许多供休憩使用的座椅，并且在体育街侧设置了非机动车停车位和机动车停车位等附属设施。运用这些景观及设施，实现了将广场活动区与商业区自然分割的目的，既方便又美观。

（二）纪念公园区复合型景观设计分析

旱喷泉位于整个广场的中心，其水池深度为5米，作为首义广场的核心设计区，其功能的多样性足以满足各种需要，在春季，万物复苏，水池就是一个天然的镜子，倒映着广场周边的美景；夏季，天气炎热，音乐喷泉可以平衡广场的微气候，并且由于喷泉设计较低，人们可以在喷泉旁边纳凉嬉戏而不会有危险。当广场需要承接大型活动的时候，可以将水池和喷泉关闭，增加广场的总体面积。既满足了一些景观的实用效果，也让首义广场的文化内涵加以丰富。

英雄林的设计以植物特别是树木为主，在此基础上辅以岩石和台阶，运用大量的乔木，以三条横向道路将英雄林分为前、中、后三个区域，以大面积的森林绿化为主，种植上内松外密，从中轴线看是疏林草地，在横向轴线上看是森林。南区中轴线根据北高南低的场地条件，设计了跌泉水带，这样的景观设计的唯一瑕疵就是这一板块的活动区域变小了。所以，在南区尽头和紫阳路衔接位置，设置以烈士祠广场为主体的纪念性空间，烈士祠小广场与烈士祠牌坊、铭文碑相衔接。这样，既可举行小型的纪念仪式，也为周围的居民提供晨练、集会的场所，还为首义广场西南角的地下商场吸引人气。总体来说，英雄林是首义广场最重要的人文景观，注重辛亥革命文化内涵的体现，设计了历史走廊景观。步道上铜雕的三幅武昌地图，分别是清朝时期、辛亥革命时期和现代的武昌，游人可沿线溯源，体会不同时期武昌在地理上的变迁。

由于首义广场采取了地下商业区的设计，因此，地下商业区的入口设计就显得尤为重要和富有挑战性，既要保证广场本身景观的完整性，还要为地下商业区提供有效的客流上的便利，所以，首义广场采取了弱化出口但不弱化通行的方法，将商业区的出入口与广场设计融为一体，既保证了通行，又保证了整体设计。具体做法就是，将地下商业区的入口与广场边缘融为一体，作为代价，广场边缘采取了下沉式的设计方式，采用大理石台阶，还运用树阵把广场两侧与下沉区、中央活动区分隔开来，这样，既加强了该地区的流动性和繁荣程度，又保证了首义广场的景观面积以及其周边地区的社会公用性。

综上所述，作为复合型广场，首义广场的景观设计将绿化、实用性、人文、地区特色完美地结合在一起。处于历史悠久城市的老城区，武汉首义广场又将历史底蕴与现代化需求做到了完美的结合。可以说，武汉首义广场的景观设计是成功的，其中的一些亮点值得学习。

五、西安大雁塔北广场

大雁塔北广场是中国唯一的唐文化广场，东西宽480米，南北长350米，占地16.8万平方米，大雁塔为南北中心轴。由水景喷泉、文化广场、园林景观、文化长廊和旅游商贸设施组成。南北高差9米，分成9级，每级5阶。由南向北逐步形成对大雁塔膜拜的形式。

北广场以大雁塔为中心轴三等分，中央为主景水道，左右两翼分置“唐诗园林区”“法相花坛区”和“禅修林区”，广场南端设置“水景落瀑”“主题水景”和观景平台。整体设计概念是能突显大雁塔及唐文化精神这一主轴,结合现代的设计手法,彰显唐风古韵。

(一)广场的空间形态

1. 水平空间形态

从建筑学角度讲,空间是一个与实体相对应的概念,是由点、线、面、体划分或围合的虚体。无论是城市还是建筑,其最实用的部分主要是空间。北广场和原有的大雁塔及周边构筑物构成了序列轴线关系:点(南广场玄奘雕塑)、线(雕塑与大雁塔的轴线顺延至广场中)、面(北广场的平面形态)构成序列空间的轴线关系。北广场作为西安市的一个节点,给城市提供了一个缓解城市建筑密度的空间,一个可以透气的空间,使城市得以“呼吸”,对丰富城市空间具有重要的意义。

2. 竖向空间形态

大雁塔是广场的视觉中心和焦点,与周围环境构成了小范围内明显的天际线。作为城市的节点,观察者能够进入广场并由此开始旅行。

(二)广场的意义

1. 生活空间的意义

广场设计的主要目标是改进人们生存空间的环境质量和生活质量。丹麦建筑师扬·盖尔在其《公共空间》一书中提道:“仅创造出让人们进出的空间是不够的,还必须为人们在空间中活动、流连和参与广泛的社会及娱乐活动创造条件。”人们来北广场的目的有观光、休闲等,其中来此观光的比重较大与闻名于世的大雁塔有直接的关系。尤其是在节假日,人们会在此长坐,在广场上有休息的、交谈的、读书看报的,更有拍照留念的。

2. 历史文脉的传承

西安是我国历史上建都时间最长的城市,与开罗、雅典、罗马并称世界四大古都。它的各项服务设施都很齐备,在复兴过程中也将控制城区内的人口、建筑密度,意在恢复旧城历史人文的空间。复兴不是复原,不是效仿,不是重新修建,不是单纯地建一些仿古建筑。去大雁塔、去钟楼,感受到的是当时的历史氛围。大雁塔北广场是作为西安城市复兴的一个点,它成功了,并且成功地激活了古城的历史文脉,它使历史文化得到了有效的保护。

北广场的前身是曲江春晓园,重建对原有的休闲空间加以有效改造和利用,使古城的文脉被成功激活,更多的人自觉地参与其中,融入其中,使得城市空间形态得到良性发展,提高了空间环境的质量。

历史与文化是人们感受城市价值的重要内容,重视地方特色的保护,表现城市的文脉已成为一种时尚,并且直接反映到城市广场的设计中。对具有历史意义的地点注入更多新用途,如宣扬大唐文化,开发曲江的门户,展现古城西安的新风貌,从而引发多种社会活动,激发城市活力。大雁塔北广场的建设就是在这样的理念指导下产生的。

六、广安思源广场

思源广场背靠渠江,面向思源大道,广场中轴正对思源大道中轴线,是向邓小平同志百年诞辰的献礼工程之一,由入口广场、中心广场、水景广场、宝鼎广场和四季花海五部分组成,四周环绕生态停车场、图书馆、游人中心、观景楼阁和休闲娱乐设施,是集纪念、集会、文化交流、娱乐、休闲、观景等功能于一体的综合性入口广场。

广场内有世界上最大的青铜宝鼎——“实事求是”宝鼎,宝鼎总高度10米,重41.8吨,鼎高8米,直径7.04米。它三足鼎立,双耳高耸,分别饰饕餮及夔龙纹。颈下饰12条夔龙和六条扉棱。鼎身腹下饰紧密相连,犹似“迷宫”般布局的勾连图纹,并以4排乳钉纹点缀。鼎内铸有铭文:“小平百岁,立鼎铭志。一定要把广安建设好。”鼎禁直径7.8米,高2米,上饰56条夔龙(象征全国56个民族大团结),21个方圆之孔(象征21世纪),正面铸有金文鼎名“实事求是”,背面铸有“解放思想”字样。宝鼎置于高7米、40米见方的花岗石平台上,托座高3.04米,造型为94本书,正面刻“发展才是硬道理”七个大字,座后刻有邓小平南方谈话全文。

“实事求是”宝鼎是为纪念邓小平同志百年诞辰而铸,表达了广安人民对邓小平同志的深切怀念和无比的爱戴。宝鼎代表着邓小平理论和邓小平同志的丰功伟绩将永垂青史。宝鼎矗立于广场北端,象征着广安人民对邓小平同志改革开放丰功伟绩的历史回顾。

思源广场的主题是“饮水思源”,在设计中利用了地形的坡度,在宝鼎广场的宝鼎基座上设置水体，构成“源头”，通过水景广场层层跌落，流向中心广场的四块水景。水景中的百组喷泉直喷天际。

广安市图书馆位于思源广场左侧，建筑面积11000平方米，于2002年11月动工兴建，总投资2500多万元。广安市图书馆由成都市援建，整幢建筑从规划设计、建筑施工、内外装饰均由成都市完成。国家新闻出版广电总局购置了价值100万元的书报刊陈列架捐赠给该馆，深圳图书馆无偿捐赠了价值26万元的全国最先进的图书馆自动化管理系统；省文化厅赠送了远程文化信息共享工程设备。广安市图书馆还兼备地方博物馆的部分展藏功能，同时也是邓小平生平事迹和理论研究的资料中心。

第九章　住宅花园

第一节　概述

一、住宅花园的发展历程

人类最早的住宅花园可以追溯到公元前3000多年，那时的造园活动主要是在住宅周围种上一些满足人们日常生活所需的农作物。随着生产力的提高，渐渐地，种植的植物从农作物发展为一些观赏性植物，这就形成了今天普遍意义上住宅花园的雏形。

在古巴比伦王国，传说中有着这样一个空中花园：类似“梯田”的立体造型让这个花园拥有巨大的种植面积，园中种植各种名贵花草，四层的平台由沥青及砖块构成，并融入了灌溉系统以浇灌植物。

在古代西亚，住宅设计者开始想到通过园林与水景来创作景观，在控制居住温度的同时也极具观赏性。在古代中国，造园活动在一代代人的实践过程中逐渐发展成熟，形成了四大要素：山石、植物、水景、建筑。中国的早期住宅花园被称为私家园林，典型的私家园林多具有前庭、后庭等空间，结合建筑本身的形制，配以具有地方特色的花卉植物，形成极具个性的住宅花园。

现代生活以高效、快捷、方便为特征，现代建筑也体现出这一特点，在此基础上发展而成的现代住宅花园也呈现出与古典园林不同的特点。20世纪50年代，我国将城市公共空间作为园林景观的重点打造对象。到了20世纪70年代，由于国家经济进入困难期，因此大量将果蔬植物作为园林景观造景植物。进入20世纪80年代，园林绿化进一步发展，但造园观念还沉浸在片面强调绿化率的数据之上，对园林的审美特性缺少科学和美学的认知。从20世纪90年代开始，住宅花园开始有了显著变化，随着商品经济的发展，商家在开发住宅区的时候都不得不着重考虑人居环境这一重要议题，开始将住宅花园的打造作为营销手段，以提升自己的产品质量。

住宅花园建设涉及多个学科，包括建筑学、地理学、艺术学、生物学、心理学等等。因此，一个好的住宅花园设计必定是各方面都满足人们需求的；一个优秀的住宅花园设计师一定是善于从各个学科门类吸取养分的。目前，中国的住宅花园建设还处于相对薄弱的阶段，设计、技术等都落后于发达国家，导致生硬模仿、千篇一律、脱离实际等问题重复出现。住宅花园是与人接触时间最长的绿化环境，因此也更为重要。住宅花园建设应从艺术与技术多方面加以考量，不仅要让人们居住得方便、舒适，还要有文化内涵与美学趣味。

人类对环境的依赖是与生俱来的。现阶段考古学研究表明，原始人类起源于非洲的热带雨林。当人类从森林来到平原，不得不通过自己的努力来获取那些能够供给能量的植物，农业就形成了。这使人类在一个地方定居成为可能，也诞生了灿烂的农耕文化。工业革命是现代社会初步形成的标志，科学技术的发展让人口大量向城市汇集，人们纷纷离开赖以生存的土地，希望在城市中找到自己的归宿。城市的发展让人的居住环境不断被破坏，人口的增长以及工业园区的扩张使得人们的居住体验每况愈下。人们渐渐意识到，在大力加强经济建设的同时，不应忽视对居住环境的要求。住宅花园能够给人带来亲近自然的体验，在忙碌的现代生活中获得相对私人的绿化享受。今天的住宅花园已成为居民生活不可分离的一部分，住宅花园的设置不仅美化了环境，也可以成为居民的社交场所，满足日常生活中的休闲娱乐所需。良好的绿化环境能起到改善居住条件的效果，通过植物的合理设置，产生防风、防沙、遮阴、降噪的效果，为居民带来健康的生活空间。

中国被称为“世界园林之母”，足以说明园林文化已经渗透入中华文化的肌理之中。中国的园林文化给整个人类做出了重要贡献。道家文化中有“天人合一”这一理念，这便是提倡人与自然和谐相处、人与自然和平共生的行为模式。中国目前所面临的城市化快速发展是机遇也是挑战，它促使人们不断求新求变，不断更新城市的面貌，同时也使人们盲目地追求进步与发展，这就导致一些影响生态平衡的恶劣事件的上演。为了改善人居环境，提高居民居住条件，我国提出了建设“生态园林城市”的目标，将城镇绿化纳入生态文明建设之中。住宅花园也属于城镇绿化的重要组成部分，是除了城市公园、城市广场、单位庭院之外的现代园林中的一环，值得我们加以重视。

我国的住宅花园发展经历了起步阶段、发展阶段、多元化发展阶段。第一阶段是新中国成立初到20世纪80年代居住区景观的起步阶段，该时期的住宅主要用以解决居住问题，属于低标准住宅，其特点是绿地面积少，没有活动场所。第二阶段是80年代中后期，国家或各单位为大量的普通职工建造了单位大院式的住宅，通俗的说法是"职工家属院"。这种类型的住宅区在早期起步阶段的住宅设计基础上调整了住户布局，增加了景观设计，在满足住宅居住休息的基础功能上，增加了少量的活动设施。这种类型居住区的特点是楼间距适中、绿地适中，缺点是区内交通不合理且活动场所设计不合理。第三阶段是我国居住区的多元化发展阶段，这个阶段起于20世纪90年代，在改革开放的基础上，中国开始由计划经济转变为市场经济。经济基础决定上层建筑，居住区的规划设计开始快速发展，尤其是1998年国家取消了福利分房政策，极大地刺激了房地产行业的发展。这个时期里，居住区景观出现了各式各样的风格，并改善和提高了消费者居住的舒适度。20世纪90年代以后，居住区景观进入多元化的发展时期。不论是什么风格的居住区景观，都有与地域文化相结合的趋势，具体表现为采用本土植物，尊重当地民俗文化。居民越来越重视居住区的绿化以及生活氛围。小区在原有基本服务设施基础上又增加了如健身中心、中心广场、儿童活动中心等更加多元化的设施来改善居民的生活，促进居民之间的交流。

20世纪90年代以前，居民更多是为了生活而奔波，休闲方式比较单一，而20世纪90年代以后，城市现代化加速，人们的生活节奏加快，休闲观念有了进一步的提升，进而对景观设计也产生了影响。人们对和谐的邻里关系的向往，使得人们更加注重居住区内生活氛围的营造。社会快速发展带来经济上的富足。如今处处高楼林立，城市公共绿地逐渐减少，整个城市形态与新中国成立初期相比早已发生了翻天覆地的变化。居民自身的居住环境也发生了翻天覆地的变化，从"邻里单位""大街坊"等大院文化变成了居住小区的模式。城市外环境的不足，使得人们更加注重自己所居住的小区环境，对绿色生态的需求也日益增长。人们的审美都有了和以往不同的评判标准，对于居住环境的要求也在与时俱进。整个居住区景观的发展历程，都见证着人们生活、思想的转变。

二、住宅花园分类

现代住宅区由于所处区域经济状况不同、整体文化背景有差异，呈现出多样性的特点。根据城市不同区域居住人口的差异，现代住宅区有了不同的定位与区别。根据住宅区的环境类型，可分为山地环境和滨水环境；根据住宅区建筑类型可分为高层、多层、低层三种类型；根据居住人群可划分为老人公寓、青年社区等等；根据社会阶层分类，可分为租住房区、廉租房区、中产阶层区、富有阶层区等等。依据不同的社区定位，住宅小区在规划过程中产生了明显的区别。然而在住宅小区的设计中过于看重经济地位的差异性，势必会引起一定的社会矛盾，并非是一个好的现象。许多研究城市问题的学者根据这个现象提出了自己的观点，有学者认为应该提倡一种相对混合的居住环境，在这种混合环境中形成多样与丰富的居住体验。但就现阶段而言，大多数住宅小区还是以高品质、奢华这类宣传用语作为卖点。然而，一个真正有文化内涵、有独特品位的住宅小区还是应该从整体到细节都有自己的主题，有鲜明的特色，当然景观园林的设计便是住宅小区塑造个性名片的重要环节。

住宅花园中的景观要素可分为绿化植被、景观设施、雕塑小品、建筑、人文活动、道路景观等等，这些景观要素共同构成了住宅花园的整体视觉效果。这些景观要素以其多样、复合的特点满足了居民日常生活的需求，同时又以整体性、连续性的特点为居民打造了视觉美景，促进了人们的日常交流与文化活动。

根据住宅花园的布局特点，大体上可分为规则布局、自然布局、混合布局三种。

（一）规则布局

规则布局带有明显的几何特征，适合于那些强调几何线条的花园。不管是注重庄严感的欧式花园，还是以抽象简洁为特征的现代景观，都能适应规则布局。规则布局的住宅花园一般有着明显的中轴线，前后左右的布置呈现出对称或半对称的特点，花园的区域划分也较多几何特征。园林中各种元素如植物、水景、雕塑小品等，都有规律地放置在绿地之中，给人以规则、严整的印象。这种布局的优点在于较为简洁、大气，但缺少了一定的趣味性，庄重有余而活力不足。

道路多选用直线或规则的弧线，花坛内的植物修剪成几何图形或是文字、图案。树木种植也较为规整，树种之间的距离相当均匀，按一定比例规划。往往在园区中心位置设置呈现主题的中央花园，在道路交接处布置观赏性强的雕塑小品。

（二）自然布局

自然布局强调的是灵活，因此在整体布局、植物景观设置以及道路设计方面都较为自由，对原始自然资源的利用相对多一些，利用原有地形、地貌以及植被资源，添加丰富的景观。植物安排较为自然，看不到规则的几何对称图案，代之以多样而个性化的设置与安排。与规则布局相比，自然布局更加轻松活泼，也更加有自己的特色。

在住宅花园的绿地设计中，大量存在着以自然式作为布局形式的案例。这种布局方式可以有效地对地形变化较大的地块进行利用，在小丘旁配以树木，在溪流边放置亭台，在草地上点缀花卉。自然式布局对于植物与建筑的搭配看似不经意，实则有意为之。这种独具匠心的配置模仿自然界的生态环境，与建筑融为一体。

（三）混合布局

混合布局是自然布局与规则布局相结合的产物。这一布局既能体现人工的巧思，又能展现自然的原本样貌；既能和建筑相呼应，又能与自然美景完美融合，产生新的节奏美、韵律美。

混合布局的造型较为多变，对空间的塑造也相对复杂，运用对比手法与过渡手法将植物、建筑、水景、雕塑、道路等住宅花园构成元素组合起来，强化景物之间的联系，激发人们的观赏兴趣。

第二节 功能与造园特点

一、住宅花园的功能

住宅是构成城市的基础，住宅花园是城市绿化的延续。现代居民对现代住宅的要求已从简单的物质需求提升到安全、舒适、审美、休闲等因素的全方位考量。居住空间的优质与否，直接关系着居民的生活质量与幸福指数，而住宅花园是居住空间提升品质的重中之重。住宅花园的设计主要通过对建筑材料的选用以及植物的搭配与布置，来满足不同阶层、不同年龄段居民的需求。

居住小区建筑景观设计占小区面积很大一部分，建筑本身就是景观。它们构成了居住小区整体景观的背景。居住小区的建筑景观应该以人文关怀与回归自然为主题，建筑的体量、细部、质感、色彩、风格和个性要充分体现小区的特色。建筑单体设计要讲究多样性、兼容性。各种大小户型、高层、多层、低层建筑要有机组合搭配，满足人与自然界亲近的欲望。

小区道路的基本功能是交通，它是各个景观元素联系的纽带并具有导向功能，此外还具有控制绿地和观赏功能。小区主干道路是小区道路的骨架，它的功能设计是小区道路设计的重点，主干道的形式要与小区外道路的形式有所区别，不宜横平竖直，应多使用环形线路。小区的主干道不宜过宽，因为过宽会降低小区内部与外部之间的差异性，使得业主的小区归属感降低。主干道宽度以5~8米较为合适，尽量减少容易发生交通拥挤的主干道路交叉口。为了满足业主的审美需求，在设计主干道时，要注意道路的视线导向功能，注意道路沿线的对景和远景设计。主干道的路面应该以热辐射低、光反射弱、维护成本低、不易扬尘、不易吸水的路面为好。

使用居住小区健身设施的人群主要是老人和孩子，所以设施的配置要更多地考虑到老人和孩子的需要。老年人的娱乐项目主要是棋牌、小运动量的健身操和太极拳，根据需求在小区内搭建遮雨亭、放置桌椅以便老人摆放棋牌是很有必要的。在设计现代的儿童组合游戏设施时，应该注意以下几点：一是必须使用有较好弹性的材料作为游戏设施放置的地板选材；二是场地必须开阔，近距离没有树枝且离主干道较远，以便成人看管和防止事故发生；三是设施与住房的距离至少要达到10米，以免儿童在玩耍时产生的噪声干扰到其他居民的休息。

城市密集的居住条件使得小区的中心广场不可能大，多层立体的中心广场就成为设计的必然趋势。使用敞开式结构和简单的几何结构做框架，使用流动的水形成瀑布，将多层广场的上下层之间贯穿起来，并且将植物布满整个空间，营造一个真正的立体生态空间。在空间中，再加入桌椅等供业主交谈的设施。多层立体结构不但解决了人多地少的矛盾，而且使得小区景观更具有变化，达到中心广场应该具有的功能。

小区绿化的基本功能是为小区居民营造出一个好的生态环境，包括能够较好地制造氧气、净化空气、隔离小区外的噪声、提供阴凉、减少到达小区内部的太阳辐射。其辅助功能有美化环境、遮挡和分割空间、除尘的功能。

加强小区绿化立体化建设，提高绿地的叶面积指数。人多绿化少的矛盾使得小区的绿化必须向立体方向发展。目前，许多地方为了追求所谓的欧式风情，在小区内种植大量的草坪，不但无法达到技术的要求，而且造成了绿地造氧率低、净化空气功能弱等问题。

二、造园特点

对大自然的亲和是人类与生俱来的本性。心理学发现，人对于有组织、相对复杂的环境会产生安全感，因此，住宅花园作为最能贴近现代人生活的绿化带，在一定程度上需要满足人类对自然环境的向往，为居民提供观景、休闲、娱乐的场所。

（一）强调绿化

现代住宅小区在进行设计时，往往会走入倚重建筑、轻视绿化的误区，以减少绿化面积为代价来突出人工建材塑造出来的恢宏外观。很多住宅小区在设计园林道路时也偏好那些豪华的建材，如汉白玉、花岗岩、大理石等等，而忽视了对自然景观的塑造，既没有达到控制预算的目的，又造成了人工有余、自然不足的后果。还有一些住宅小区盲目修建大型广场、大型花园，植物死板而缺少趣味，过于规整的设计让园林雅致的韵味消失。

住宅花园设计必须与自然特性相吻合，充分利用植物自身的优势与特性，在已有的自然环境基础上加以改造，从而达到愉悦身心的目的。住宅花园的设计应遵循“虽由人作，宛自天开”的思想理念，从我国古典园林的造园理念中吸取营养，同时学习世界各国的现代设计思想。无论如何，住宅花园的设计应该突出地方特色，突出地理特征，突出自然优势，这样才能建造出符合现代人居需求的理想花园。

现代住宅小区为了在有限的环境中让每位居民都获得良好的视觉享受，因此强调绿化资源的共享性。这样一来，单一的绿化景观就能面向尽可能多的居民，让他们都享受到植物带给人的愉悦心情。绿化植物还能起到有效隔离噪声的作用，为住户提供一个相对私密、安静的居住环境。通过花园中高大乔木与低矮灌木的错落搭配，创造出安全宁静的居住氛围，为居民提供强烈的归属感。

（二）人文内涵

人类源于自然，在自然的孕育下产生了自己的文明。远古时期的人类创造性地学会了使用工具，将自己与其他动物区分开来。火的使用使人类能够获得熟的食物，有效地延长了寿命。人类之所以能够在与自然的抗争中不断进化，原因在于好奇心驱使下的创新，在于善于将自然改造成有利于自己的样子。

随着对住宅的要求不断提升，人们开始不仅仅满足于安全、舒适的居住体验，渐渐有了对居住环境人文内涵的要求。住宅是人们生活起居的地方，优质的社会文化环境能够让居民之间的交流有浓厚的人文氛围，形成良性的互动关系。

20世纪90年代，住宅区花园建设流行一种欧洲风格，花园中大量充斥着欧式罗马柱、欧式造型的雕塑等元素。20世纪90年代以后，住宅小区的花园设计开始更为注重精神性与人文情怀，表现出多样性的特点。如何在有限的条件下，进行人文内涵、历史文化的塑造，是住宅花园设计师们的难题。中国传统私家园林中，那些经典的设计往往是由文人所打造的。景观与建筑的搭配有着寓情于景、情景交融的特点，建筑的匾额上既表明了景致又体现了诗意。特别是江南地区的园林，其中所体现出来的诗情画意值得今天的住宅花园设计师们学习。

(三)内外协调

在住宅花园的设计中,应充分考虑到小区内外景色的一致性、连续性,尽量使小区内部的花园与外部的城市景观相协调。住宅的周边环境对于花园的营造而言是至关重要的,如果所处地域拥有优越的自然条件与人文景观,就能对居住区内部的景观起到一定的传承与呼应作用。例如,可以利用山体绵延的走势作为住宅花园的背景,利用周围的水资源作为园区内部的活水景观等。

每个城市对于自己的视觉定位都是不同的,街道两旁的建筑构成了游客对城市的第一印象。在打造住宅花园的过程中,应考虑到城市的整体视觉定位,将单独的住宅花园纳入整个城市的绿化生态系统之中。住宅花园的规划设计应深入探究所在地域的自然与人文特色,使小区绿化延续城市的整体视觉特色。

住宅小区花园是所在城市的组成部分,对于城市的视觉塑造而言至关重要。地理条件与生活习惯的差异使得不同城市的面貌相去甚远,住宅小区的花园设计要将城市特色充分发挥出来,打造出适应当地居民生活习惯、审美习惯的优质设计。

(四)突出主题

现代社会中人与人之间的差异日益明显,人们都追求着与众不同的生活,社会中的私人特性日渐显露,人们也从与他人的差异比较中逐渐确立起各自的独特个性。这一特征意味着住宅区设计也应从社会集体转向私人化、个性化的主题塑造。住宅花园设计应以特定主题立意为核心进行打造,避免千篇一律,营造独一无二的社区文化与景观氛围。

对于设计而言,不断创新是核心,住宅花园设计也与其他类型的设计一样。要从原有的自然条件入手,创作出符合需求的个性化、主题化设计,以满足人们求新求变的心理。

住宅花园主题也是开发商品牌文化的一大体现,通过住宅花园的主题塑造,能够为企业带来品牌宣传效应,营造出社区独有的文化精神内涵。一个有特色的居住区往往是从命名到建筑风格到园林规划的和谐统一。例如,以中式风格打造的住宅区往往会搭配古色古香的名称和极富韵味的住宅花园。

主题的设计既要考虑到原有的环境条件,又要考虑到之后的施工条件。

要在保留特色环境资源的基础上进行进一步的塑造。对于具有一定历史的文化古迹,要在保护的基础上做好规划,运用现代科技手段营造出既还原原始风貌又具有创新设计的住宅园林。

(五)安全舒适

住宅花园是最贴近人们生活的绿化,其设计与营造应始终遵循以人为本的理念。在设计阶段就应充分考虑到居民可能产生的生活需求与审美需求。

在植物的选取方面,要满足居民对于通风、光照、方便、实用等方面的需求,在植物的搭配上也要注意安全性与美观性。不同生活模式的人,对于园林的需求也不同,住宅花园设计要符合小区居民的生活习惯,尽量在了解小区居民年龄、职业等细节的基础上进行设计,这样才能打造出令居民满意的住宅花园。大至整体规划、小至细节把控都要贴近人的活动,为居民营造出一个既可居住,又可游玩,更可欣赏的绿化环境。

在我国现阶段的住宅花园设计中,仍然大量存在着一味关注外在形象而忽略居民生活体验的案例。有的设计忽视道路的便捷,有的设计不利于人际交流,有的设计甚至有一定安全隐患等等。毕竟,住宅花园的使用者是住在其中的居民,因此,应该将他们生活的便利摆在最为重要的位置,在方便他们生活的基础上进行视觉效果的营造。

在园区氛围的营造方面,应充分考虑居民的视觉习惯,在此基础上赋予景观以艺术美感。通过园区植物的配置,美化人居环境。为居民提供人际交往的良好场所,营造良性的社区文化。

人居环境具有复杂性特点,它是人、社会、自然多方面融合的产物。只有树立以人为本的设计理念,在设计过程中充分协调人、自然、社会的关系,才能创造出一个和谐的人居环境。

(六)综合效益

无论如何,住宅产品最终都会走向市场。因此,住宅花园设计应结合自身市场定位与经济等综合效益的考量,既要考虑到建设初期的材料、人力成本投入,又要考虑到后期的维护成本。在绿化植物、水景、景观小品的设计方面要注意细节,例如绿化植物要考虑到是否易于打理,如何在节约电力的条件下保障水景的动态、静态呈现，景观小品的修剪维护，等等。在创造美丽的人文景观的同时，也要注意降低运营成本。

住宅花园的景观设计要以综合效益为指引，不仅达到生态目标，还要重视经济价值与文化价值。在达到设计目标、服务居民的基础上，尽量节约能源与材料，为建设环境友好型、生态节约型社会做出贡献。

住宅花园设计师们应凭借自己的设计能力与经验，尽量在设计中就考虑到一些后续可能出现的问题，做好各项工作的统计分析，避免出现问题后再整改，浪费时间、金钱与精力。有的时候，价格高昂的材料未必适合，住宅花园设计师们应精心设计，做好成本与设计的双向统一。

第三节　名园欣赏

一、无锡香梅花园

无锡市香梅花园位于无锡市东南角，环境设计总面积达5.6万平方米，其中住宅部分景观面积4万平方米，沿河景观面积1.4万平方米，架空景观面积0.2万平方米。

该小区花园的亮点在于水景的塑造，通过水景将住宅区及商业区连通，给人以清新舒适的观感。在步道设置方面较为多样，包括小桥、小径、木栈道等等，通过这种多样的步道设置来丰富居民的行走体验，让人如同置身于山间水畔。整个园区的规划设计采用了景观生态学原理，通过多种造景手段，为居民提供视觉、听觉、嗅觉、触觉的多重享受，将人的各种感官充分调动，形成一种舒适、宁静的联觉心理效果。

小区的水景部分形式多样。小区中心地带是主体水源，这股水流环绕高层建筑、中层建筑以及别墅群，支流流向位于小区北面的古运河，使得园区内外互相联系，互相呼应。再加上与水景两旁的景色相应和，给人一种如同置身水岸的幻觉。小区水景与古运河的交流，使得园区内部生态更加多样，也为古运河周边环境的改善提供了助力。

园区内的植物以常绿植物居多，辅之以落叶植物。通过乔木、灌木、花丛、草地的精心搭配，营造出各季有美景的视觉享受。

整个园区的设计风格与建筑风格一致，使用了一些现代感强烈的设计元素，在呈现出单纯、雅致的观感的同时，也注重人居舒适性，将传统造园手法与现代园林需求加以统筹。园区规划也考虑到休憩的需求，在遵循游憩行为学的原理之下，为居民提供尽可能多样化的休闲场所与娱乐设施，使住宅花园真正成为一个可观、可居、可游的场所。

二、贵阳金华世家

贵阳金华世家别墅住宅区位于贵阳市新区中心观山公园、金华湖畔。金华世家小区占地面积有6万多平方米，该小区在住宅景观方面处理得较为典型，既衬托了建筑原有的空间特点，又在细节方面展现了园区独有的精神旨趣。该小区在庭园设置方面，结合中国传统造园手法，将写意的美学体现到每个角落。

该小区中央部分将水景作为主要观赏元素，并在河道上游设置了几口古井，通过美丽的井盖，为园林增添一份别致的韵味。同时，通过精心营造的流水景观搭配以恰当的山石与花木，游荡其间，恰如行走于古时的江南别苑，整个园区呈现出古典、优雅、安静的氛围。

庭院空间与室内空间在地下室及一、二层的垂直空间相沟通，这种内外空间的交流、串通使得室内外空间更具有整体性与变化性。多变的空间存在于室内生活区，而室内外又呈现出一致的视觉效果。这不仅为居民提供了别致的视觉享受，也符合现代生活求新求变的视觉追求，更符合快节奏的都市生活，为整个空间带来一种开阔的美感。

该住宅花园在物质的选择方面也较有特色，注重肌理的搭配，用复杂多样的细节来契合观者的情感。光滑的石材作为休息的凳子，粗糙的瓦片和古朴的青砖作为建筑的点缀，通过这些传统的造园材料，观者产生了一种安宁、淡然的心理。

在中国古典私家园林的造园中，讲究疏密、虚实的搭配与对比，因此往往会将小道设置得蜿蜒曲折，将景观设置得高低错落。对比往往能突出视觉主体，从而使景致获得丰富的层次与变化。在本住宅小区的花园设置中，大量采用了对比的手法，使得园区内空间充满变化。

在植物选择方面，本小区的特色是竹子这一传统造景植物的大量使用。竹子往往是文人墨客钟爱的植物，因此选用它作为主要的园区植物，也给整个园区带来儒雅的氛围。在有风的日子走在竹林之中，看地上的倒影摇曳生姿，那倒影就如同一张刚刚画好的墨竹图，给人以无限的遐想。在种植过程中采用了点种和丛种两种形式，通过控制植物的种植面积来完成层次堆叠，起到丰富造型、烘托建筑的效果。

三、太原大唐四季花园

该小区位于太原市南内环附近的万柏林区，占地面积7万平方米。该小区的住宅花园设计较为突出，引入“绿化与建筑”概念，拥有大量植物及花卉，与小区建筑搭配和谐。庭院设计以“春、夏、秋、冬”为主题，将四季美景的不同作为庭园景观的塑造特色。大唐四季花园可说是四季有美景、季季都精彩。

在庭园景观的塑造方面，大唐四季花园注重将古代造园手法与现代造园理念相结合，不惜耗费重金从安徽运来灵璧石用以打造庭园景致，该灵璧石生动地展现了龙飞凤舞的视觉奇观，实在是大自然的馈赠。小区内营造了风格各异的园中之园，以及流光溢彩的音乐喷泉，这些独特的景观让该小区的住宅花园在古典韵味中融入了现代的想象，让居民的生活更加舒适、享受。

大唐四季花园的绿化区域主要分布在道路两侧的草坪及中心广场地带。结合地域特点，种植了方便管理的榉树、槐树、枫树、雪松、柳树等高大乔木，以及一些具有观赏性的低矮灌木。通过显著的高低对比产生视觉反差，从而达到高低起伏的视觉效果。在植物布置方面，通过不同品种的间隔安排，形成错落有致的观感，不同品种互相依托、互相映衬，呈现出别样的视觉景观。在中心广场正中的西班牙式钟楼四周，搭配具有异国风情的花卉及水景，成为整个小区花园的视觉中心。

小区的水景包括湖景与喷泉，一静一动，宁静与活力共生。湖景水体面积适中，造型在规整中富于变化，池边和底部都采用鹅卵石拼贴而成，极具自然之趣，几何造型的水体又给人以现代感。

图9.1　大唐四季花园

大唐四季花园的园林景观设计，充分体现了因地制宜原则、经济适用原则以及造型美观原则。善于利用原本的地形地貌，在满足人居生活需求的基础上适当地种树。根据北方四季分明、风沙大的特点，大量利用高大的乔木，冬季阻挡风沙，夏季避暑降温。在园林小品的设置上，注重协调性与功能性的结合，注重安全性与舒适性的完美融合，在充分考虑安全的基础上为居民打造了一个温馨、宜人的住宅花园。

四、福清阳光锦城

阳光锦城位于福清市融城镇中环街，背靠龙江公园，遥望龙江，地理位置十分优越。而福清市接近北回归线，处于亚热带气候带，季风气候非常明显。因为其全年都受到西风带以及副热带环流交互的影响，所以各个季节气候均有明显特征，春天雨量充沛，夏天长并且较为凉爽，冬季短并且少有严寒。小区的园林设计考虑到了该地区的地理及天气条件，为居民提供了如同私家园林一般的绿化享受。

阳光锦城的建筑以小高层为主，相对于现代化的超高层建筑，更能给住户提供美观、舒适的居住环境。从空中俯视整个小区，分为一个中央庭院和四个组团绿地。小区在建筑设计方面继承了中国传统四合院文化，对于小区居民而言，这一设计是非常科学和舒适的。

整个小区的地理特点是自东向西由高变低，加上小区处于龙江畔，设计师便引入一条溪水自东向西贯穿小区中央，并将南北方向打造成小区的主入口，在主入口的流水旁设置了一个亭子。对于这个亭子的设计，前前后后进行了多次讨论，在最终的设计中，亭子依然在主入口处，但并不是生硬直接地立在入口处，而是向内跌落进了流水里，这样显得相当自然。

进入主入口后，便一眼看见亭子矗立在流水旁，而其后，远远望去即是中央花园和郁郁葱葱的树林，这正是对中国传统园林的精髓——步移景异的完美诠释，依靠水为纽带，构成了亭子、流水、中央花园的一体化生态系统。

居住区的园林设计是生态性与艺术性、安全性与整体性的统一。阳光锦城的园林设计既满足了植被的生态性，又在搭配上体现了艺术性。植物选取与效果营造体现了安全性与整体性特征。

五、平顶山建业·森林半岛

森林半岛位于河南平顶山东风路中段，南面依靠中州绿荫广场。项目占地面积13万平方米，绿化率高达40%，环抱周围7万平方米的都市生态林，并拥有1万平方米左右的生态水景，具有较好的人居环境，既远离了城市的喧哗和浮躁，又有田野山水的韵味。小区内的设计则无处不彰显出“以人为本，崇尚自然生态”的主题思想。通过小区的合理规划，创造出富有特色的内部生态系统，使得每种类型的住宅都有自己的特色景观。

小区的西边和东边各有一条城市主干道，而小区的主入口就布置在两条道路的中部结合处。在结合处设置了一些娱乐设施及商铺，之所以选这里作为小区的综合商业区，主要是这里的自然景观极佳，既能够近距离观看滨湖的景观，又能够将远处白龟山水库的美景尽收眼底。小区的顶级宅邸也大多分布于此地。

小区中心区域的住宅主要是别墅及洋房，而它们之间通过一条贯穿南北的绿道来分开。绿道上以花卉、山林、缓坡为主，融合各个区域的绿化。此外，小区还有一条引自东面水库的水系景观，该景观贯穿整个小区东西，为住户带来了流动的美景。在主入口处设置有中心水景广场，在广场上分布着许多高高的钟塔，成为小区的标志性建筑物。

小区的别墅庭院设计既满足了私密性，又体现了室内空间与室外空间的交融。人们能够在这个地方体验清新的空气与可人的植物，在嗅觉与视觉的双重享受之中达到休闲放松的目的。通过住宅园林的构建，居民获得了独特的精神文化享受。

六、广州祈福新村

祈福新村位于广州番禺区市广路，占地面积约500万平方米，绿化率高达75%，容积率低于0.8。祈福新村的地理位置极其优越，背靠大夫山公园，三面环山，并且拥有广州唯一的私家生态湖区——祈福湖。祈福湖面积达40万平方米，包含湖水及私家码头、湖心岛等景观。湖旁边建有人工沙滩、天鹅饲养区、特色花园、垂钓亭等设施供住户使用，湖心岛上则建有高尔夫球场、小农场等等。祈福湖属于静水景观，湖面明亮如镜，给人以疏朗、开阔的视觉享受。湖中饲养观赏性鱼类，湖边种植水生植物，在这一片区打造出一个人与动物、人与环境、动物与环境和谐相处的生态环境。

园中配有大型水上乐园，以夏威夷度假泳池为特色。泳池底部做了防滑处理，以免发生意外。泳池里有各种水上游乐设施，旁边种植有高大的热带树木，岸边设有吊床，让人仿佛置身于夏威夷群岛之中。祈福郊区公园营造于大夫山上，适合晨跑、郊游、野餐等等。站在山顶便可以将整个祈福新村乃至整个番禺区都尽收眼底。在园区的动物园中，住户能够让子女接触各种动物，既可以丰富小朋友们的见识，又可以从小培养他们对小动物的关爱。一家人一起在和煦的阳光下拥抱自然，体验生活，尽享悠闲的欢乐时光。

住宅花园从根本上来说是主要供人使用的，因此要以人的使用需求为主要目的。祈福新村在住宅花园的设计方面，充分利用优越的自然条件，为居民打造了一个集居住、娱乐、休闲于一体的大型生态区，极大地丰富了居民的业余生活。将绿色植物、水景等融入整个园区的规划，满足了居民多方面的生活需求。

图9.2 祈福新村

小区中植物的选择和安排尤为用心,考虑到住户亲身体会的要求,努力为住户提供趣味盎然的公共文化空间和温馨的住宅氛围,使小区住户能接触自然,感受生活。园中植物的布置注重均衡性,将花园、绿地、流水均匀分布到各个角落,从而创造和谐的自然环境。就人文性而言,半封闭式的园林设计方案使得各种空间有机地联系起来,加强了人、建筑、自然之间的亲善关系。

第十章　单位庭院

第一节　概述

一、庭院的含义

顾名思义，庭院即院落空间。据宋本《玉篇》记载，“庭者，堂阶前也”，即堂阶前的地坪；“院者，周垣也”，房屋四周、围墙里的空地，即院子。据此可以理解为：庭院乃是用墙围合的堂前空间，是由外界进入厅堂的过渡空间，有植物、石景、小路等。

我国著名造园学家、林学家陈植先生在其2006年出版的著作《中国造园史》中论及庭院时提道：“庭园为附属于建筑物之园之总称……庭园所有制不限于私有，亦有公有。宅园、园宅、草堂、别墅等属于私有；而校园、署园、公寓园等则为公有。”

从空间构成的角度出发，庭院和庭园是不同的两个概念，建筑物（包括亭、廊、楼等园林建筑）周围尺度较大、更偏于花园的称为庭园，比如江南私家园林、现代别墅、公共建筑及其花园式的环境；而被建筑物包围、与建筑关系更为紧密的小尺度的院子称为庭院，比如北京的四合院，以及公共建筑内部围合严密的空间等。

一般认为，庭园更侧重于园的成分，绿地、植物的比重较大，而庭院强调其私密性和围合感。比较起来，庭院可以是庭园的一部分，空间比较封闭，尺度有限，但其空间感和安全感更强，也可以融合自然。它是建筑功能的延伸和补充，建筑、庭、园的存在使得人们活动的空间层次和空间类型多样化，让人们在居住、工作、社交、休憩等活动中更加惬意和舒适。

当代日常生活中，人们往往把庭院与庭园混同，也用来指传统的园林。庭、园、院虽然各有相对独立的含义，但在现代设计中往往可以互换。由此可知，现在人们所谈及的庭院是一个笼统的概念，可以从以下几个层面进行认识：一是指传统造园的一个具体概念，如历史上流传下来的众多私家园林；二是指居住建筑之外、院墙之内的外部空间；三是指校园、公共建筑的中庭、办公空间附属的室外园林等；四是从居住人群而言，庭院可被理解为供特定家庭使用的院落，是人类聚居环境的基本单位。本书中，庭院主要指供特定人群生活、工作、休息使用的与建筑联系密切的外部空间。

本章中统一使用“庭院”一词，但其内容涵盖了庭院和庭园两种类型的空间，包括独栋别墅院落或联排别墅院落、住宅区中位于建筑一层购买或赠送的花园，或者学校、企事业单位公共建筑中通过建筑围合起来的一方小天地、历届园艺博览会和绿化博览会中的每个小园。

传统的庭院四周有墙体围合，形成比较私密的空间，它的尺度由堂的大小决定。起初庭院只由四周的墙体界定，后来逐渐演变成以建筑、柱廊或绿篱等方式来围合，形成一个对内开放对外封闭的、内向型的空间，如大量的江南私家园林。

现代庭院则主要服务于周围建筑，是建筑空间的延续，适应当代人社会交往、休闲、休憩的要求。当代庭院空间尺度较小，承载的物种也较少，使得庭院景观更多是指美学意义上的概念，即庭院内风景构成。

对庭院的理解，从空间上可以这么认为：庭院是指除了居住建筑之外的园子或中庭，或者居住建筑和其外部环境组成的一个院落，是相对独立的单元，是家庭或家族、公司职员、单位员工、学校师生等特定人群居住、工作、生活环境的外化形式。

二、庭院的分类

从不同的角度对庭院进行划分，会得到不同的结果。从庭院的拥有者角度出发，可以将庭院分为公共庭院和私人庭院。公共庭院包括建筑的中庭设计和大楼的屋顶绿化等多种景观设计；而私人庭院则可以小到自家的阳台、窗台、露台，大到别墅的小花园。当然，无论是公共庭院还是私人庭院，两者都是以人为主，是室内空间的延伸，为人们提供了一个休闲娱乐的空间。

从总体布局的角度，庭院可分为自然式庭院、规则式庭院、抽象式庭院和混合式庭院。自然式庭院以体现自然美和意境美为主，园路、植物、水景、山石、建筑小品等景观要素注重自然形式的表现，往往通过自然的植物群落设计和地形起伏处理，在形式上表现自然，将自然缩小后加以模仿运用到庭院里，多运用植物的自然姿态进行自然式造景，配置疏密有致。规则式庭院强调艺术造型美和视觉震撼，又称为西方式、几何式、轴线式或对称式等，园路、植物、水景、建筑小品、雕塑等景观要素注重几何形式的表现，往往以庭院主要建筑的轴线为景观中心轴线来进行规则式对称布局。抽象式庭院又称为自由式、意象式或现代景观式，以体现自由意象和流动线条美为主，利用抽象艺术观念布局，形成自由有序、简洁流畅、具有强烈装饰效果的景观布局形式，能够给人强烈的视觉感受。混合式庭院是综合以上几种庭院的特点进行景观布局的，这种景观布局形式在现代庭院中运用较多。

从地域风格的角度，庭院可分为中式庭院、日式庭院、东南亚庭院、伊斯兰庭院、地中海式庭院、法式庭院、美式庭院、英式庭院、德式庭院和现代综合风格庭院等。

三、庭院设计的形式

（一）自然式庭院设计

自然式庭院在整体布局结构上较自由、多变，园路铺装、水体、绿地、花坛等的轮廓多为曲线组合成的不规则形状。整个设计给人以活泼、灵巧、变化、自然、自由的感受。

（二）规则式庭院设计

规则式庭院表现在整体布局上较为对称、整齐，园路铺装、水体、绿地、花坛等的轮廓为正方形、长方形、圆形、椭圆形或者几者的分割与组合。整个设计给人以规整、洁净、统一、温馨、舒心的感受。

（三）混合式庭院设计

混合式庭院是规则式和自然式的巧妙穿插和结合，园路铺装、水体、绿地等的轮廓变化丰富。整个设计给人的感受是二者兼有，这也是现代庭院设计的主要形式。

四、庭院景观的设计原则

（一）尺度与比例原则

对与人身或人身器官相接触的功能性景观来说，其体量的相对大小和绝对大小都会受到人身及其器官大小的约束，这就称为尺度。庭院景观中的设计，如绿篱和栏杆的高度、亭子的体量、踏步的宽度与高度等，如果不适合人们日常生活和游憩的需要，那么它们也就失去了存在的价值。

比例是以形体因素为主并且趋于数字化的有限的对照关系。庭院中景物内与景物间的线段、平面形与立体形之间都存在一定的比例关系；植物配置的体量与庭院面积大小也同样要遵循一定的比例关系。适度的比例有助于构造赏心悦目的景观。在进行庭院景观设计时，要考虑大到全局、小到一木一石与环境的关系，考虑到小局部内建筑物、山石、花草树木、水体、园林小品等的尺度与比例关系，以符合人们生理与心理的需要。

（二）均衡与韵律原则

均衡又称平衡，是人对其视觉中心两侧及前方景物具有相等趣味与感觉。如果前方是一对体量与质量相同的景物，如一对石狮或华表，即会产生平衡感。庭院的各构成要素的位置、形状、比例和质感等在视觉上要适宜，以取得平衡。构图的平衡可以使视觉稳定。庭院构成要素的体积、大小、高低、色彩和质感都可以影响平衡感。在庭院设计中，常常会用到一些重的元素，如体积大的、质感粗糙、色彩热烈的元素，用体量较小的群体、精致的小品、轻快的颜色来搭配，就可以起到平衡视觉的作用，不会显得某一方面比较突兀。在庭院设计上，还要充分利用人的视觉假象，如近处的树比远处的体量稍大一些，会使庭院看起来比实际的大。

在音乐或诗词中，按一定的规律重复出现的相近似的音韵即称为韵律。在庭院设计中也有韵律的体现，如花带、台阶、栅栏、植物的重复且有变化的应用。体积、色彩、质感的重复而有变化的使用也是产生韵律的原因。如用同种类型的木料做平台、花架、围栏，可以使庭院中的材质统一，但同时也要有形态上的韵律变化，使庭院更富生趣。只有巧妙地运用多种韵律的组合，才能使人们获得丰富的韵律感。

多视角观赏庭院能够引导视线往返穿梭，从而形成动感。除坐观式的日式微型园林外，几乎所有庭院都可在这一点上做文章。动感决定于庭院的形状和垂直要素，如正方形和圆形区域是静态的，给人宁静感，适合安置座椅；而两边具有隔离带的狭长区域或植被区，则有神秘感和强烈的动感。不同区间的平衡组合，能调节出各种节奏的动感，使庭院独具魅力。

（三）对比与协调原则

对比是把两种相同或不同的事物进行对照或互相比较。在各类艺术创作中，对比是艺术表现手法之一。当具有差异的景物相邻时，因对比关系，它们看上去更美。所以，对比是一种形成美和强调某种景观对象的技术手段。

在庭院设计中，为了突出园内的某局部景观，可将体形、色彩、质地、明暗等与之相对立的景物与其放在一起表现，以造成一种强烈的戏剧效果，同时也给人一种鲜明的审美情趣。庭院中最易产生对比的就是色彩，每种景观要素都有自己的色彩，要使这些色彩既有对比又不显杂乱，就要遵循对比的原则。在选择色彩时，可以参考色轮，通过对比色、调和色、中性色的应用来达到理想的景观效果。同时，也可以利用色彩面积的大小来强调景观的焦点和重点区。

协调又称和谐、调和，是指庭院内景物在变化统一的原则下，风格、色彩、体形、线条、质地等在时间和空间上都给人一种和谐感和整体感。协调一般包括三个方面：庭院应与周边环境协调一致，能利用的部分尽量借景，不协调的部分想方设法进行视觉遮蔽；庭院应与自家建筑浑然一体，与室内装饰风格互为延伸：园内各景观组成部分有机相连，过渡自然。例如，在室内和庭院中选择材质、形式相似的家具，会产生明显的连续性，使人感觉室内与室外是一个整体空间，从而实现风格的协调；室内设计的色彩如窗帘的颜色与室外的景观要素的颜色协调，会营造出和谐的氛围，使人的精神放松，从而实现色彩协调。

（四）多样统一原则

多样统一是一切艺术领域中处理构图的最本质的原则，在庭院景观设计中也不例外。多样统一的原则用在庭院中时，所指的方面很多，例如形式与风格、造园材料、色彩、线条等，从整体到局部都要讲求多样统一。多样而不统一会使景观看上去杂乱无章：只统一而不多样，会使庭院看上去单调无味。只有把庭院中的各要素合理地组合在一起，才会产生协调有序的景观。要达到多样统一，可以从以下几点入手：

第一，先确定庭院的布局风格，庭院布局一般分为规则式、自然式、抽象式、混合式等风格，每种风格都有自己的特点和构成要素，可以在其中做合理的变化，但是不可将不同的风格硬搬到一起，看上去会不协调。

第二，园路的线形、材质、图案等也要遵循多样统一的规则，同一走向的铺装选择同一式样，这样既丰富了道路的变化，又能从整体上达到统一的效果。

第三，庭院小品、植物等要素只有相互协调、相辅相成，做到多样统一，才能成为园景的点睛之笔。

（五）追求意境原则

意境是艺术作品借助形象所达到的一种意蕴和境界。庭院景观是一个自然和人工兼具的空间境域，景观意境寄情于景物及其综合关系之中，情生于境而又超出该境域事物，给感受者以遐想余地。当客观的自然境域与人的主观情意相统一时，就能够产生景观意境。“艺术品有创作与欣赏的二重性”，庭院这类艺术品在具有意境之后就成为欣赏者的游乐之所。一座耐人寻味的庭院可连续几百年成为游览之地，因为创作的形象和情趣已经触发了游人的联想，换言之就是有“意境”，而且是持久隽永的意境。

意境主要表现为：

诗情，常说“见景生情”，意思是有了实景才触发情感，也包括联想和幻想而来的情感；

画意，庭院是主体的画卷，对于在庭院中自由漫步的游人和使用者来讲，只有“八面玲珑”才能使人满意。

不是所有庭院都具备意境，更不是任意的时间、地点都具备意境。有意境的庭院会更耐看，令人寻味，并使人深刻怀念。

意境是庭院景观设计者所追求的核心，也是使庭院景观具有深层次影响的内在魅力。

第二节 功能与造园特点

一、庭院景观的功能

庭院是一种内向的空间，私密性强，有很好的过渡空间，是建筑功能空间的外在延伸，是人类长期生活创造的结晶，是一门综合的景观艺术。因为庭院承担的功能不同，在建筑中或建筑群中的位置不同，庭院也有它特定的称谓，如“中庭”“前庭”“后院”等。

庭院除了美化环境的功能外，还给人们的观赏、休闲、运动等提供方便，并使所在的庭院画中有画、景中有景，为使用者提供优美、轻松、健康、舒适的环境，或者寄托主人的理想。

二、庭院景观的特点

(一)空间延伸

庭院是室内空间和室外空间的过渡空间，既能与室内空间有机地结合在一起，也可对室内空间起到补充和调节作用，是室内空间向外的延伸。作为一种人为化的自然空间，庭院供人们在其中观赏、聊天、散步、娱乐等，是室内空间功能的延续和过渡。

(二)专属性

人们与生俱来的领域感是一种本能，也是人们对所处环境最基本的心理要求。庭院在空间上和心理上都属特定场所中特定使用者的领地，其所表现的领域感很强，给使用者带来一种自尊与归属感。使用者把个人的印记表露在庭院空间里，以此建立个性与特色。专属领域感强调使用者对庭院领地的掌控，对外来人员在该领域中的行为有控制的权利。

（三）安全性

安全需求是仅次于衣食住行等生理需求的基本需求。它包括生活有保障、不会失业、没有威胁人身安全的因素等。安全问题也是庭院景观设计中必须考虑的问题。庭院的安全感主要来自庭院内在的安全因素和对外部侵犯因素的处理。内在的安全因素主要包括景观元素在使用过程中的安全性，如水池、电路、园林小品、植物、道路等安全系数；外来侵犯因素的处理主要包括对外来人员、动物等对庭院使用者进行干扰的处理。

（四）精致性

景观设计精致化是指以特定的范围和时期、不同的群体、社会阶层和当前社会价值观念为背景，在考虑受众心理、文化素养及知识结构的基础上，创造出满足特定人群意趣、反映特定群体价值取向的精致景观。精致化强调创作过程的联系以及管理和施工上的精细，要求设计者能够使创意更具可操作性，并有加以实现的可行性。庭院景观设计要重视每一个可能影响整体效果的因素，严格遵循尊重场地、尊重场地使用者的原则，使庭院能更好地为人们服务。

（五）保健性

无论是从生理上还是心理上，庭院景观都具有一定的保健功能。例如，优美的庭院景观有助于人们舒缓紧张情绪；景观植物既能净化空气，又具有良好的保健作用和药用价值；鹅卵石铺地既美观又有保健按摩的功效；小型的健身器械不但可以用来锻炼身体，而且能给庭院增添活力。

三、庭院景观的设计内容

庭院景观的设计内容主要有铺地、水体、园林建筑、小品、植物等。

（一）铺地

1. 中国古典园林铺地

中国古典园林铺地主要有青砖铺地、石块铺地、碎石铺地、卵石铺地等，通过材料自身的组合排列或者通过与瓦片、碎瓷片、碎玻璃的组合应用，做出很多纹饰和图案，比如青砖做成的人字纹、十字纹等，或者是碎料排列组合成的“五福添寿”“松鹤延年”等具有美好期许和寓意的传统图案。

2. 现代园林铺地

在世界范围内，现代园林铺地所用材料、风格、铺设的方法都趋于一致，主要有各式石材、木板、透水砖、彩色混凝土、玻璃等。铺装样式与图案更注重与周围建筑和景观的契合，也更加强调色彩的搭配。

（二）水体

庭院中的水体多为小型的水池或者溪流，在规则式庭院和西式庭院中，水池多为圆形、椭圆形、正方形、矩形或者几者的组合与变化，在东方庭院中，水池多为不规则变化的形状。

规则的水池只是一池静水，给人以平静、安静的感觉。自然式水池多采用自然石块做池岸，池中和岸边种植多种水生和湿生植物，水中有游鱼，一派生机盎然的自然景象。

（三）园林建筑

园林建筑主要有亭子、花架、藤架、景墙、院墙、院门等，限于庭院的面积和规模，园林建筑数量不会太多，所以建筑自然也成为构成庭院景观的主要因素。在整个庭院构图中，建筑位于庭院的中心或者周边，但由于体量、高度、色彩的缘故，其往往成为构图中心。

1. 亭子

根据庭院风格和定位，选用合适的材质和亭子样式。从庭院性质来看，防腐木或其他木结构亭子是庭院亭子的首选材料。亭子风格可分为古典和现代，也可带有一定的地域特色，如北方、江南、闽南、两广、四川等地都有自己的地域特色。

2. 花架

花架在庭院中主要作为攀缘植物的骨架和支撑，可以供葡萄攀缘成葡萄架，可供紫藤、凌霄花、木香、蔷薇等开花类植物形成名副其实的花架，也可供葫芦、南瓜、丝瓜、苦瓜等攀缘成菜架，架下空间夏季阴凉，形成很好的活动场所。

3. 景墙

景墙在庭院中起到划分空间、遮挡视线的作用，传统院落的影壁即是景墙的一种，其本身具有一定的观赏性，可与水、植物、石头、装饰品、书法、雕刻等结合，形成更富有观赏性和文化内涵的景观。

4. 院墙

庭院通过院墙围合成一个封闭的空间。随着社会文明的发达，院墙不再像我国古代园林那样，出于安全和防卫的考虑而建造高大的实墙，其高度一般在1~2米，且多虚实结合，形制多变，或墙或栏杆或墙栏结合，有的甚至为篱笆。

5. 院门

在现代庭院设计中，院门已经高度园林化，成为庭院景观的第一道风景，最常见的形式为两根柱子，中间一道铁艺或者木艺的大门。柱子多用石材垒砌或石材贴面，上面安装壁灯做装饰，柱子顶可安放花钵或者花架。

（四）小品及其他装饰

1. 花坛与花钵

花坛是庭院种植的一种重要形式，可以用砖、石头砌筑，砖墙上多贴石材、瓷砖，石头砌筑后对缝隙进行凹缝、平缝、凸缝处理。花坛形状多为规则形状，如长方形、正方形、圆形、椭圆形，或是通过倒角组合而成。花坛高度一般在30~50厘米之间，边缘可以坐人或放置物品。

花钵是庭院立体装饰的重要手法，放置于空地、墙顶、柱顶、入口两侧、水池边等位置，常见材质有陶、花岗岩、砂岩、玻璃钢、防腐木等，其中以陶钵因其古朴自然、造型多变、艺术气息浓厚而被大量采用。

2. 水景装饰

庭院中的水景装饰形式多种多样，常与石质雕刻、金属雕塑、水钵一起形成动水景观，形式有水帘、水柱、水线、涌泉、瀑布、叠水等。

3. 景观置石

置石是庭院装饰常用的方法之一。在古代东方园林体系中，置石应用极其普遍，其中有代表性的有中国古典园林和日本古代庭院。日本庭院中大都没有堆叠的假山，但其对石头的散点式的摆放十分讲究，总结出了一套关于几块到十几块石头互相组合的方法和程式。中国古典园林多用太湖石、黄石、笋石堆砌各式假山、驳岸，或结合建筑、植物点景和组景。

在现代庭院设计中，置石的应用更加自由、多样和灵活，在借鉴古人技巧的基础上，融入现代的组景方法，甚至人为地将石材切割、雕刻以后再应用。

4. 桌椅、遮阳伞

庭院空间内，桌椅是人们休息、喝茶、阅读、听音乐、打牌、交流的主要设施。在炎炎夏日，一把漂亮的遮阳伞也会成为一道美丽的风景线。

按材质分类，座椅有石头、木头、金属、玻璃、塑料等类别，风格样式多样，选择时可根据庭院的整体风格和业主要求。在我国，很多人偏爱石桌椅，好处是古朴自然、结实耐用，各种天气情况下均可置于室外。在西方，人们偏重于木质长桌和配套坐凳，上面还要铺上一层台布，典雅高贵，其缺点是需要经常维护。

5. 雕塑类装饰品

日本园林最具代表性和符号化的传统园林元素是手水钵和石灯笼。在现代园林中，应用较多的是类似雕塑的造型多样的装饰品。

6. 灯饰

灯饰有壁灯（安装于建筑的柱子、墙壁上）、庭院灯、草坪灯、水景灯、地灯、投光灯等。风格有中式、欧式、古典式、现代式、典雅式等。

（五）植物

由于其特定的环境和使用功能，庭院植物的选择非常关键，尽最不用带刺、有毒、飞毛的植物。在住宅庭院中，尽量避免松柏类植物的使用，多选择芳香、净化空气和人们赋予其美好寓意的植物。从体量上说，不要选择杨树、重阳木、国槐等特别高大的乔木。注重乔木、灌木、地被、草本植物的合理搭配。

注重全部植物的季节和时序的观赏，花期尽可能长些，如两季或四季有花的植物，同时兼顾“春花、夏荫、秋色、冬茂”，也可通过植物的组合搭配形成庭院更多的观赏点和景点。

注重植物意境的创作，通过植物“托物言志”，让主人的部分人格以物化的形式生长在自己的庭院内，形成彼此欣赏、互相勉励。比如，江南古典庭院常用的“玉堂春富贵”植物搭配，就是通过玉兰、海棠、迎春、牡丹来表达美好的寓意。此外，还有以松柏来寓意常青、经冬不凋的坚强和忍耐，以竹子表达虚心、有节、坚韧、厚积薄发等。

第三节　名园欣赏

一、四川美术学院新校区

2005年，四川美术学院（简称川美）新校区正式落户重庆大学城。川美新校区位于大学城中轴线上，规划面积约67万平方米，比邻缙云山，以北为重庆师范大学，以南为重庆大学，以东是规划中的体育中心。

从川美新校区的平面图上可以看出，其校园景观存在明显的功能分区，北部为教师生活区，南部为学生生活区，中间为教学区域。其中，教学区域包括教学楼、中心景观、背景山林、运动区等。建筑物被分布在山体周边，因地制宜，其形态与地形呈环抱态势，整体布局乱中有序，区别于其他学校的集中布置格局，呈现为"十面埋伏"的布置局面。

川美新校区在建设过程中保留了原有的山体和谷底，根据不同地形条件和明晰的空间关系，适当安排建筑、发展水系，为其后的设计秩序提供条件。为尽量保持原有生态环境，川美新校区保留了大量原有植物，建筑设计也尽量避开现有大型树木，延续原有的自然式植物风格。校园选址处湿地系统丰富，吸引了一群白鹭筑巢栖居，为了确保鸟类的生长环境不被破坏，川美请回了此处原来的农民饲养家禽，保留并改建了大面积的湿地系统，营造了校园内的美丽景观。此外，在施工打桩过程中开采了大量的石材，这些石材都成为川美后期景观设计的建筑材料。设计师合理、充分地运用这些天然材料，或堆砌成为花台、堡坎，或置于水边做汀步，让这些来自本土的石材再回到原来的位置。

基于校园选址的地域特色，川美还保留了大量的原农田生态系统。校址原为新镇五家村七社，属于农村用地，有多处自然水塘、菜地、原生态稻田，在建设过程中，川美最大限度地保留了中心水体区的池塘和农田。农田也是一种湿地系统，有助于生物多样性的发展。设计者多次勘探校址上的截流沟和排水沟，将其位置还原到图纸上，利用本地石材对其进行拓宽、加固，并根据现有水沟位置确定部分桥体设计和道路走向。

在川美新校区内还有两处原汁原味的农家院落。东边的院落面积较大，在川美投入建设时，其墙体已经破损不堪，只有建筑基础。设计师努力还原了这一院落及其周围环境的原貌,同时将系列雕塑《收租院》放在了院落中合适的位置上,达到了情景交融,再现了一个时代的历史。西侧的院落现在被改建为农户住宅,也是学校用于召开校务会的场所,集景观与校务功能于一身。东西两个院落位于山脚两侧,隔水田相对而立,两处农家都背靠山面朝荷塘。农户建筑分为主房和配房,呈"L"形格局。主房是传统格局,包括卧室和堂屋,其一侧是用主要树干架起的偏房,没有四面墙体,主要用于安放农具和粮食、储存柴火等;配房则是厕所、厨房等,狗舍和猪圈也位于配房一侧。建筑背面的防护林,不仅具有挡风的作用,还可以为建筑提供观景背景。建筑的两侧是果树林和菜地,前面均围成院坝,大多数时候都是农家使用,也是学生写生的场地,还可以供学院举办不同的交流活动。农家院落的主要建筑材料为土和竹片,在土墙内的合适位置安放适当的竹片,用以加固墙体,这种建筑方法经济实惠、低碳环保,且冬暖夏凉,适宜居住。为防止雨水冲刷土墙,造成墙体损伤,房屋的房檐较宽,屋檐下为宽1.5米的檐坎,即使在建筑外部也能连接各个房间。房屋整体被砌筑在高于凉坝1米的台地之上,并通过石阶底部相连,这种做法能有效防止建筑底面潮湿。

农村生产生活用具是校园内出现频率最高的景观小品,它们被放置在校园各处。生产用具比较简单,有锄头、犁头、水车等多种;生活用具较多,可分为室内用具和室外用具两种,也是用于点缀校园景观的小品,室内用具有家具、梳妆台、木床、花窗、木门等,室外用具有石缸、石槽等。无论是生产用具还是生活用具,均以自然材料构成,大多比例精巧、图案精美,历经岁月的洗礼和雨水的冲刷,呈现出饱含历史记忆和情感的独特机理,具有时间的艺术美感。它们既是一种装饰品,也是对历史的一种无声的言说。

图10.1 四川美术学院新校区

除以上生产、生活用具外，川美新校区在建设过程中还回收了大量周边拆迁后的废弃建筑材料，如青瓦、木材、青砖、石条等，它们同生产、生活用具一样，经过加工后作为景观小品存在，与周围环境完美地融为一体。这种对本地自然材料的合理运用是川美新校区校园景观的一大特色，平面构成形式与本地传统工艺的结合，构成了川美新校区多样化的校园景观。

二、银泰阳光度假酒店（三亚）

三亚银泰阳光度假酒店——五星级的休闲度假天堂，坐落于风景如画的大东海旅游度假区的中心位置，面临水天一色的南海，是大东海旅游度假区首屈一指的休闲度假旗舰酒店。

酒店外观设计时尚前卫，堪称三亚酒店建筑业的典范。三栋相对独立的白色建筑如同三艘即将扬帆出海的豪华邮轮，即将带您去揭开海南这座梦幻海岛的神秘面纱。

416 间充满热带时尚风情的客房，90% 的房间为观海角度极佳的海景房，拥有独立阳台，尽可饱览蓝天碧海、一望无垠的胜景。其中全海景房更有 270 度的观海角度，落地玻璃窗任凭三亚热带海景扑面而来，尽享三面观海的愉悦。酒店室内简约别致、精心浪漫的装饰，精细体贴的服务，将旅途中的疲倦一扫而光。

近2万平方米的热带园林是一个天然氧吧，与酒店沙滩、泳池、景观湖、亭榭自然融合。园内迷人的热带景观移步换景，让您徜徉其中，流连忘返。

酒店的设计理念是打造一个休闲、娱乐的场所，营造出有着异域风情和人文情趣的理想氛围。在设计过程中，设计师在考虑消费群体的心理因素的同时，注重环境意境的传达，追求自然环境与人工景观的完美融合，借助亲近自然的小品及材质的选择，以及独具匠心的植物搭配，努力营造适合的人文环境，烘托整体的意境之美。酒店环境设计在一些细节的处理上别出心裁，例如，设计师将花园中的照明灯柱改为质朴的贝壳石雕，与周围环境过渡自然，完全没有显露出人工雕琢的痕迹。酒店花园的设计也是意蕴深厚，蜿蜒曲折的园中小径、郁郁葱葱的热带植物、形态各异的休闲座椅、优美的景观湖、饱含自然气息的木栈道……各式各样、趣味盎然的设计让人目不暇接。

酒店设计的精华所在就是水景的设计，它是整个设计的重中之重。设计师以湛蓝的大东海作为大的设计背景，将酒店与海水连接起来，使得水景与酒店建筑交相辉映，营造了海天一色的优美景色。傍晚时分，夕阳西下，水面泛起层层涟漪，蓝色的水面波光粼粼，那轻轻摇动的蓝色水光与酒店建筑和丛林，在水岸边叠合成美丽的风景，使人们畅游在光影之中。

环境氛围的营造是酒店整体设计的最重要目标，其园林设计中独具特色、构思巧妙的冲浪漂流河、情人亭、露天天池、池畔酒吧组成了三亚独一无二的园林景观。酒店中宽阔的沙滩和绿地可以用来举办池畔晚宴或自助烧烤。整个酒店的园林景观可以分为以下三个区域。

1.动感之城

这个景区的空间布局比较有特色，建筑设计从裙房二层开始逐步跌落，这样既扩展了景观范围，又增加了空间的趣味性。而且从B、C座的主楼开始，在室外设置了平台，让景区向外延续。围绕着平台设计有小型的演出舞台和一条穿越了泳池的漂流河。每当夜幕降临的时候，音乐声响起，灯光闪烁，每层平台瞬间成为欢乐的海洋，每一位宾客在这动感的旋律之中，尽情地享受释放情绪带来的欢乐。

2.水天一色

在这一个区域里面，中心是一个宽大的景观湖面，围绕着湖面布置了很多形态各异的室外木平台和休闲座椅。这些木平台就成为室外演出和聚会的场所。景观湖的两边是两个主要休闲场馆。景观湖上，还穿插设计了一些绿岛，绿岛上设置了富有趣味性和观赏性的小品设施，让景观层次丰富。除此之外，地下通风井的地面部分也被巧妙地设计，成为整个景观湖竖向上的一个层次。湖中有自然的叠水和喷泉，让整个景区充满动感。整个景观湖区域协调、动人，有水天一色的效果。

3.蓝湾魅影

从漂流河溯流而上，到了水源的尽头就是蓝湾魅影景区。这个景区主要以度假区的主游泳池为中心，这里是人群汇聚最多的地方。在公共沙滩和会馆之间，有沙滩俱乐部，加强了空间领域感，不但向会馆的客人提供服务，还吸引了外界的客人。

三、成都大熊猫生态园

成都大熊猫繁育研究基地成立于1987年，包括都江堰野放中心在内，总占地面积达3.1万平方米，距成都市区仅十余千米。

大熊猫生态园以原成都大熊猫繁育研究基地为基础外扩，占地234万平方米，规划建设国际化的大熊猫科研繁育和科普教育中心；同时建设以大熊猫繁育、科研为主要内容的国际学术交流中心和对外生态旅游中心，对外展示、宣传保护大熊猫的成果，是国际学术会议场所，也是向公众服务的公共活动场所。

生态公园用地为山坡地，高差在80米左右，有一定的地表水系，较接近大熊猫原始生存条件。规划就是要充分利用现有地形仿造动物野生环境，尽量避免人工痕迹，采用自然的手法来营造原生态的公园空间。

新园区的景观设计目标是要达到步移景异、置身天然的审美意境。其中园区总体布局、建筑形式与场地形状等追求仿生效果，具有"大地艺术"的美学取向。

新园区把游人与工作人员适当分离，减少相互干扰，辟出相对封闭的内部人员活动区域；游览区也将进行区分，在满足观赏功能的同时，让大熊猫生活得更自在。

图10.2　成都大熊猫生态园

四、万科建研中心生态园区

万科建研中心这一项目获得美国景观设计师协会（ASLA）2014年专业奖。

这个项目真让人感到惊艳，设计师竟能创造一个控制雨水质量的屋顶花园这个绿色花园的每一寸都是一个现场雨水过滤器……这个项目的成功归功于项目的设计和施工团队。

——2014年7月颁奖评语

万科建研中心生态园区位于广东省东莞市，项目面积达1.85万平方米，经过设计师长达两年多的精心策划，于2010年9月动工，2012年11月建成。

该项目利用生态化建筑材料，结合低能耗的设计理念，考虑大众的审美需求，在景观设计过程中将生态景观与艺术相结合，打造了一套适合当代中国技术与经济状况的低能耗生态景观园区。其生态特色主要体现在以下几个方面。

（一）生态化建筑材料

该项目在建造工程中充分利用了预制混凝土这一建筑材料，在颜色、质感、尺寸等方面高度模拟花岗岩。此外，它的低能耗性能也十分显著：第一，用预制混凝土代替石材，避免了大面积地开采矿石；第二，人们普遍使用混凝土垫层铺装硬质景观，使得雨水无法渗透，采用厚度较大的预制混凝土铺装，则可免去混凝土垫层，实现了雨水向地面的渗透；第三，可以对预制混凝土进行异形加工，使得嵌草铺装成为可能；另外，预制混凝土的维护成本较低，经济环保，真正做到了物美价廉。

（二）生态化水循环系统

根据广东地区暴雨期和干旱期极度集中的气候特征，设计师让暴雨季节的大量雨水持续循环、流动起来，从而达到保持水质的目的。首先，通过32米高的风车所提供的动力，将最初收集的雨水提升到屋顶上，经过屋顶的雨水花园进行曝氧处理，直至跌落到地面的水池中，实现初级净化；随后，雨水将流经一系列植物净化水池。这些水池同时构成了参观、维护的通道；得到再次净化的雨水将通过一个检测阀，若达到净化标准，则可以进入一个镜面水池，成为儿童嬉戏活动的场所，而未达到净化标准的水将会重新回到水循环系统，再次进行净化。以风能为动力，让雨季储存的雨水流动循环，不断净化，直至下一个雨季的到来。这样的雨水花园尊重地域特点，以节能为根本，同时提供了教育、欣赏及娱乐的可能。

（三）生态化“波形园”

波形地表的草坪可以吸收部分雨水，进而减少雨水的流量。

第一，与草坪相比，树冠的蒸腾能截获更多的雨水，并能减轻雨水的冲刷；

第二，与平整的地面相比，波状地形能更有效地减小雨水的冲刷力，并为雨水的渗透提供更多的时间；

第三，长有本土植物的种植槽将吸收过多的雨水，实现雨水的充分利用；

第四，矮墙与坐凳同时也是挡土墙；

第五，在用地边缘设有渗水透气的道路。

五、河南郑州大学校园景观

郑州大学是国家“211工程”重点建设高校、国家“中西部高校提升综合实力计划”入选高校、河南省人民政府与教育部共建高校。郑州大学新校区位于郑州市高新技术开发区西北部，距郑洛高速公路西入口1.5千米，南临科学大道，北临莲花街，东临石楠路，西临西四环。

整个新校区规划用地284.4万平方米，分为东西两个地块。西侧地块由西四环、科学大道、长椿路和莲花街围合而成，南北长约2100米，东西宽约1100米；东侧地块由长椿路、金菊街、石楠路、翠竹路围合而成，南北长约600米，东西长约840米。新校区于2005年6月开工建设，2006年8月通过竣工验收并全面对外开放，现已成为郑州城的新景观之一。新校区荣获“2008年度中国风景园林学会优秀园林绿化工程金奖”。

郑州大学新校区核心景观位于学生生活及运动区与教学及实验区之间，窄长形，占地面积达14.8万平方米，是学生每天上下课的必经之路。郑州大学新校区的总体规划要求是“构建文化型、环保型、节约型、智能型校园”，基于此，核心观景承担着美化环境、人行交通、营造浓郁的文化氛围，以及展现校园独有特色、体现大学校本传承精神的艰巨任务。

为此，景观设计以“天人合一”的境界为主题，在湖西岸以传统的自然山水为蓝本，凸现天然的生态环境，在湖东岸以本地的人文资源为依托，自南向北以水流方向再现文化进程，设计了河源、问鼎、博弈、禅趣、擎天、观星测影、大道通衢、风台荷香、杏坛9个文化景点和嬉水台、回廊、接星潭等景观小品，并以亲水栈道和晨读走廊将其连成一线，再通过植物造景、艺术铺装、多彩灯饰等生动的烘托，将整个核心景区有机地融为一体。幽深的山谷、宽阔的水面、漂浮的桥、茂密的植物、自然的河流、诗情画意的小品，使研读的学子犹如融入历史的长河，享受着中华文化的沐浴。

后　记

在中国，园林实践活动发展迅速。各类综合性院校及应用技术型院校纷纷开设环境艺术专业，与此同时，各类园林设计类教材也大量出版。但是，不可否认的事实是："园林欣赏"类教材却相对稀缺。为此，我们编著了此本《中国园林欣赏欣赏》教材，以理论指导实践，企图为环境艺术学科建设的进一步发展贡献绵薄之力。本套书的编写过程是：由林瑞拟写大纲，并由何怡庆、周静维协助。我们力图站在环境艺术的学科立场上，构建一部学理清晰、体例新颖，紧密联合园林艺术设计实践的园林欣赏教材。

由于此书参编人员较多，因此教材的内容及各章节之间难免有不少缺憾及不平衡之处，学术观点也还值得进一步探讨，我们恳请各位专家及广大读者不吝批评指正。具体分工情况如下：

第一章，林瑞；

第二章、第七章，周静维；

第三章、第九章，何怡庆；

第四章、第十章，徐庆兰；

第五章、第八章，邱倩；

第六章，杨今为；

后记，林瑞。

本书在编写过程中广泛参阅了国内外已有的学科成果，再此我们一并致以谢意。同时，感谢西南师范大学出版社的大力支持，特别感谢钟小族编辑的热情支持和辛勤劳动。

编者

2016年6月20日